내가 사랑한 물리학 이야기

내가 사랑한 물리학 이야기

1판 1쇄 찍은날 2018년 3월 14일 | **1판 3쇄 펴낸날** 2021년 5월 11일
지은이 | 요코가와 준 | **옮긴이** | 정미애 | **감수** | 김지홍 · 박인규

펴낸이 | 정종호 | **펴낸곳** | 청어람 e
책임편집 | 여혜영 | **디자인** | 이원우 | **마케팅** | 황효선 | **제작 · 관리** | 정수진
인쇄·제본 | (주)에스제이피앤비

등록 | 1998년 12월 8일 제22-1469호
주소 | 03908 서울시 마포구 월드컵북로 375, 402
전화 | 02-3143-4006~8 | **팩스** | 02-3143-4003
이메일 | chungaram@naver.com

ISBN 979-11-5871-064-4 04400
ISBN 979-11-5871-056-9 (세트) 04400
잘못된 책은 구입하신 서점에서 바꾸어 드립니다. 값은 뒤표지에 있습니다.

청어람 e)) 는 미래세대와 함께하는 출판과 교육을 전문으로 하는 청어람미디어의 브랜드입니다.
어린이, 청소년 그리고 청년들이 현재를 돌보고 미래를 준비할 수 있도록 즐겁게 기획하고 실천합니다.

"물리학자가 보는 일상의 과학 원리"

내가 사랑한 물리학 이야기

지은이 | **요코가와 준**

옮긴이 | **정미애**

청어람 e

세상을 보는 눈을 달라지게 하는 물리학의 세계

여러분은 물리학이 무엇이라고 생각하나요?

2015년에 일본의 물리학자 가지타 다카아키가 노벨물리학상을 받았을 때 한동안 '중성미자(neutrino, 뉴트리노)'라는 낯설고 어려운 물리학 용어가 텔레비전과 신문 기사에 넘쳐난 적이 있습니다. "와, 눈에 보이지 않는 소립자인 중성미자에 질량이 있는지 증명하는 게 물리학이구나!" 하고 많은 이들의 감탄을 자아낸 적이 있었지요.

이러한 '우주의 근본' 같은, 보통 사람은 다가가기 힘든 수수께끼를 밝혀내는 일 또한 물리학의 묘미이긴 하지만, 실제로 물리학은 좀 더 우리 가까이에서 언뜻 언뜻 모습을 드러내고 있습니다. 그 사실을 알고 나면 일상의 풍경을 보는 눈이 완전히 달라지죠. 이것이 물리학의 좋은 점입니다.

물리학에 관한 저의 추억을 하나 소개해보려 합니다. 중학교 시절, 전차로

통학을 하면서 친구와 이런 격론을 벌인 적이 있었습니다.

"이 전차에서 바로 위쪽으로 공을 던지면 공은 어디로 떨어질까?"

그 친구가 뭐라고 대답했는지는 기억이 잘 나지 않지만 저는 집요하게 "전차가 앞으로 가니까 공은 전차 뒤로 떨어질 거야"라고 주장했습니다.

한바탕 논쟁이 벌어지고 난 뒤 전차가 정류장에 멈춰 섰습니다. 그때 회사원으로 보이는 한 남성이 생긋 웃으며 히로시마 지역 사투리로 "공은 그대로 전차 위로 떨어진단다"라는 말을 남기고 전차에서 내렸습니다.

당시에는 '어른 앞에서 어설프게 아는 척했다'는 부끄러움이 앞서 그 원리에 대해 생각할 겨를이 없었지만, 물리학을 배우고 나서 문득 돌이켜보니 그것은 '관성의 법칙'이었습니다. 이 내용은 이 책의 PART 1에서 다룹니다.

그밖에도 잘 생각해보면, 전차의 바퀴나 자동문을 움직이는 전동기(PART 4-02), 지나가는 구급차 사이렌 소리의 변화(PART 5-03), 창 너머로 보이는 푸른 하늘과 저녁놀(PART 5-02), IC 카드로 하는 결제(PART 3-03) 등등 직장이나 학교를 오가는 상황 곳곳에서 물리학을 응용한 현상들과 마주할 수 있습니다.

이 책은 이처럼 일상생활에서 경험할 수 있는 수많은 현상과 첨단 기기에 숨어있는 '물리의 원리'를 찾아내 소개할 목적으로 집필했습니다. 물론 모든 물리 법칙을 망라할 수는 없지만 '앗, 이런 곳에도 물리가?' '어? 이것도 물리 법칙이었어?' 하고 느낄 만한 정도는 되리라 봅니다.

흥미가 가는 부분부터 읽어도 좋지만 앞부분이 좀 더 일상생활과 밀접한 내용을 다루고 있기에 처음부터 순서대로 읽는 것이 가장 이해하기 쉽습니다.

이 책을 다 읽어갈 때쯤이면 눈에 비치는 일상의 풍경과 무심코 집어든 도구 안에 물리학이 조용히 숨 쉬고 있음을 느낄 수 있을 겁니다.

물리는 결코 보통 사람이 가까이 하기 힘든 신비한 무언가도 아니거니와, 공식을 외워 오로지 반복 연습해야 하는 학문은 더더욱 아닙니다. '앎으로써 세상을 보는 눈이 달라지는', 당신의 인생을 살짝 풍요롭게 만드는 학문이라고 자신합니다.

자, 이제 물리라는 안경을 쓰고 주위를 한번 둘러볼까요.

2016년 봄

요코가와 준

차례 

PART 4 우리의 생활 기반을 지탱하는 물리

PART 5 자연을 한 단계 더 깊이 이해하기 위한 물리

PART 6 미시 세계에서 우주 끝까지의 물리

PART 1

의외의 장소에 존재하는 물리 법칙

01 빛의 간섭

▶ 블루라이트를 차단하는 장치

빛의 간섭

빛은 파동이므로 마루와 마루, 골과 골이 포개지면 강해진다.
반대로 마루와 골이 포개지면 약해진다.

거리를 걷다보면 파란빛을 띠는 안경을 쓴 사람을 볼 기회가 있을 겁니다. 사실 저의 안경도 파랗게 빛을 내는데, 이는 '블루라이트 차단' 렌즈로 만든 안경이기 때문입니다. 이 블루라이트는 '빛의 간섭'이라는 물리 현상과 관련이 있는데, 그 이야기부터 시작해봅시다.

빛은 전기와 자기의 파동이다!

'빛'에 관해서는 전제가 되는 지식이 몇 가지 있습니다.

먼저 빛은 **'전자기파(전자파)'**의 일종입니다(빛은 파동이기 때문입니다). 전자기파라는 명칭을 들으면 가장 먼저 전자레인지나 컴퓨터에서 나온다는, 그 눈에 보이지 않는 '무언가'를 뜻하는 거 아닌가 하는 생각이 들 것 같습니다. 맞습니다. 그것도 전자기파이고 눈에 보이는 빛도 전자기파입니다.

● **전자기파의 종류는 파장으로 나뉜다**

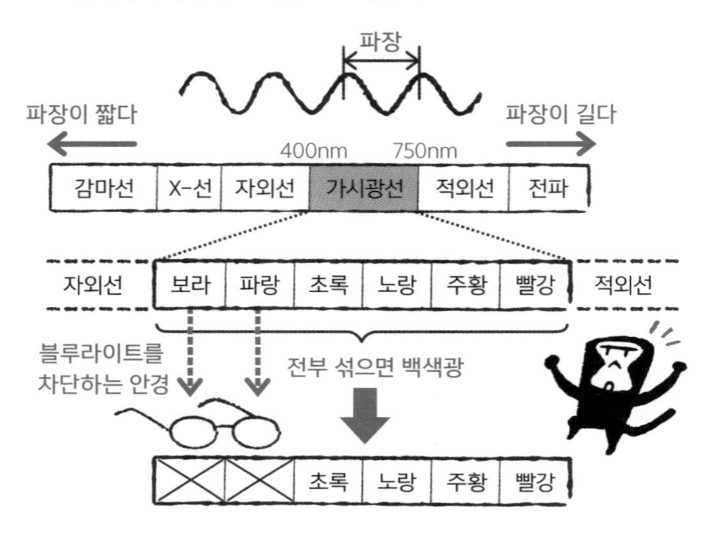

조금 더 과학적으로 설명하자면 빛은 '전기장'과 '자기장'이라는 것이 진동하면서 전달되기 때문에 '전자기파'라고 부르는 것입니다. 위 그림에서 보듯이 파장의 길이에 따라 성질은 물론 이름도 달라집니다. 피부를 검게 태우는 자외선도 전자기파라는 사실을 알고 있었는지 궁금하네요.

눈에 보이는 빛인 '가시광선'은 전자기파 중 극히 한정된 파장 영역을 가리키는데, 그 영역 안에서도 파장이 다르면 색이 다르게 보입니다.

짧은 파장이 보라와 파랑, 가운데 부분이 초록·노랑·주황, 긴 파장의 빛이 빨강입니다. 그리고 모든 파장의 빛이 어느 정도 균등하게 섞이면 흰색으로 보입니다. 태양빛은 보통 이처럼 다양한 파장의 빛이 골고루 섞여있습니다.

'블루라이트'는 요컨대 청색광으로, 파장이 짧은 빛을 가리킵니다(블루라이트라는 특수한 빛이 존재하는 게 아닙니다). 이제부터 보라~파랑 영역의 색을 통틀어 '청색'* 이라고 부르겠습니다.

반사형 렌즈의 원리

● 청색광만 반사시키는 원리

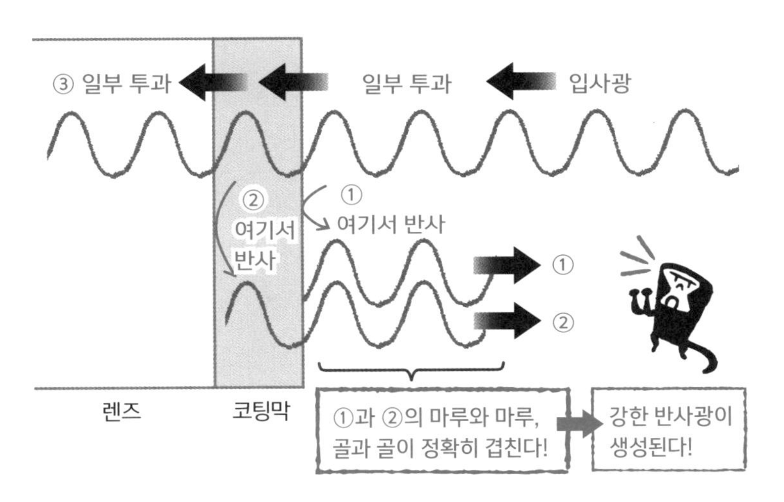

블루라이트 차단 렌즈를 만드는 제조사 홈페이지에 따르면, 이 제품에는 '반사형'과 '흡수형' 두 가지 종류가 있다고 합니다. 반사형은 청색광만 반사하고 흡수형은 청색광만 흡수합니다. 따라서 파랗게 빛나는 안경은 '반사형' 제품입니다. 만약, 안경이 태양광(백색광)의 모든 빛을 균등하게 반사한다면 반사광은 아마도 하얗게 보일 겁니다. 그러나 청색광만 반사하기 때문에 안경이 파랗게 보이는 것이죠. 블루라이트 반사형 차단

---

* 파랑과 보라 사이에 남색을 넣으면 이른바 '무지개 색'이 됩니다. 파장이 긴 쪽부터 '빨주노초파(남)보'라고 외우면 기억하기 쉽습니다.

안경을 쓰고 있는 사람은 청색광, 즉 '블루라이트가 제거된 빛'이 눈으로 들어옵니다.

그렇다면 이 블루라이트 반사형 렌즈는 어떤 원리로 청색광만을 반사하는 걸까요?

지금 렌즈 표면에 얇고 투명한 막이 덮여있다고 칩시다. 거기에 빛이 들어오면 막 표면에서 반사되는 빛①과 막 표면을 투과해 렌즈 표면에서 반사되는 빛②, 렌즈 표면도 투과하는 빛③으로 나뉩니다.

여기서 ①과 ②의 빛에 대해 곰곰이 생각해봅시다. 빛은 파동이므로 마루, 골, 마루, 골이 일렁이는 모습을 상상해보면 됩니다. 빛②는 빛①보다 조금 더 긴 거리를 지나므로 반사돼서 다시 막 표면으로 되돌아올 때는 빛①과 약간 어긋날 수 있습니다. 따라서 렌즈의 두께를 잘 조절하면 막 표면에서 반사된 빛①의 마루와 막 표면까지 되돌아온 빛②의 마루가 정확히 겹치는 상황이 벌어집니다. 일반적으로 파장은 마루와 마루, 골과 골이 포개지면 강해지는 성질이 있으므로 이럴 경우 강한 반사광이 생깁니다.

앞의 그림처럼 청색광의 파장에 맞춰 막의 두께를 조절하면 ①과 ②의 빛이 강해져 청색광만 강하게 반사하는 렌즈가 됩니다. 그리고 백색광에서 청색광만 강하게 반사되면 남은 빛③에는 청색광이 거의 남아있지 않은, 즉 '블루라이트 차단'이라는 상황이 형성됩니다.

이상이 블루라이트 차단 안경이 주위 사람에게 파랗게 보이는 이유입니다. 이처럼 두 개의 파동이 포개지면서 강해지거나 혹은 약해지는 현상을 **'파동의 간섭'**이라고 합니다. 빛이라면 **'빛의 간섭'**이라고 부릅니다.

막의 두께와 파장의 관계로 인해 색깔이 입혀지는 경우는 그밖에도 제법 많습니다. 이를테면 비눗방울이 알록달록하게 보이는 이유는 비눗방울의 각 부위마다 막의 두께가 달라서 그에 따라 반사되는 색이 다르기 때문이죠.

반대로 ①과 ②의 빛이 약해지도록 막의 두께를 조절하면 반사광을 억제할 수도 있습니다. 이것이 '반사 방지막'의 원리입니다. 주변의 '얇은 막'을 관찰하며 여러 가지 색을 찾아본다면 물리학도 조금은 재미있어지지 않을까요?

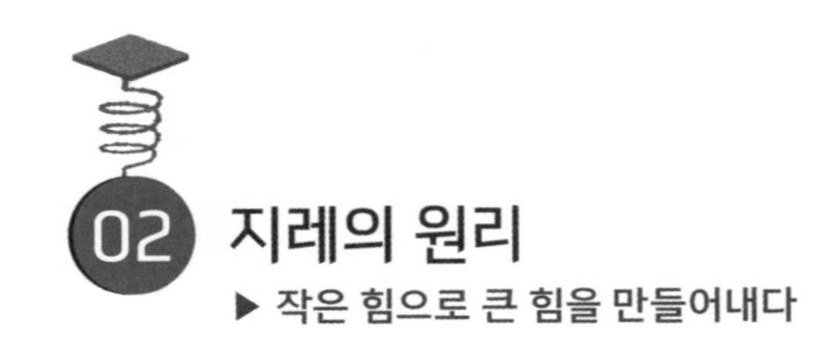

02 지레의 원리

▶ 작은 힘으로 큰 힘을 만들어내다

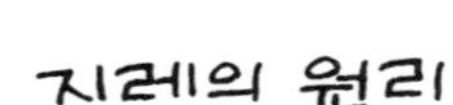

받침점에서 힘점까지의 거리를 길게, 받침점에서 작용점까지의 거리를 짧게 하면 힘점에 가한 작은 힘을 증폭시켜 작용점에 전달할 수 있다. 또 그 반대도 성립한다.

$$d_1 \times F_1 = d_2 \times F_2$$

d_1=받침점~작용점의 거리 F_1=작용점에 가하는 힘

d_2=받침점~힘점의 거리 F_2=힘점에 가하는 힘

투자를 하는 사람이라면 잘 알 만한 경제용어로 **'레버리지'** 효과라는 것이 있습니다. 자신이 가진 자금에 타인의 자금을 끌어들여 더 큰 금액의 거래를 하는 것을 뜻하는 말로, 이 레버리지(leverage)의 레버(lever)는 '지레'를 뜻합니다. '적은 자본으로 큰 거래를 하는 것'이 '작은 힘을 크게 증폭시키는' '지레의 원리'와 흡사하기 때문에 '레버리지'라고 부르는 것이죠.

받침점, 힘점, 작용점을 갖춘 '지레'

● 지레의 원리=받침점, 힘점, 작용점의 관계

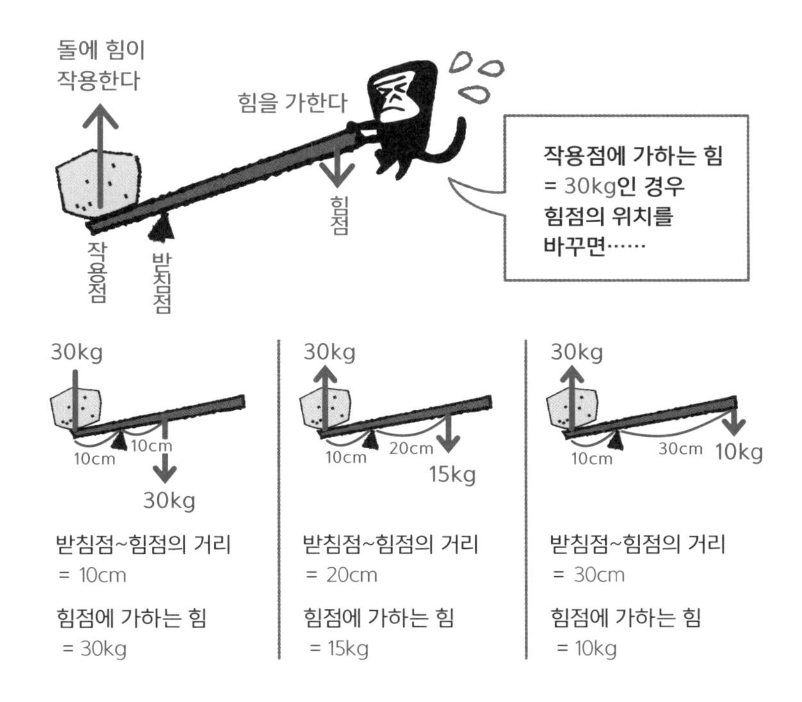

자, 그럼 **'지레의 원리'**란 무엇일까요? 구체적인 도구를 상상해보는 것이 가장 이해하기 쉽습니다. 예컨대, 위 그림처럼 무거운 돌을 막대기로 들어 올리는 상황을 가정해봅시다. 힘을 가하고 있는 점이 '힘점', 막대기가 돌에 힘을 가하고 있는 점이 '작용점', 막대기를 밑에서 받치고 있는 점이 '받침점'입니다. 이처럼 받침점·힘점·작용점을 갖춘 도구를 '지레'라고 합니다.

이를테면 돌의 무게가 30kg*이라고 합시다. 즉, 작용점에 30kg의 힘을 가하지 않으면 돌은 움직이지 않습니다. 이때 받침점~작용점의 거리와 받침점~힘점의 거리의 관계에 따라 힘점에 가해야 할 힘의 크기가 달라집니다.

받침점~작용점의 거리가 10cm라고 합시다. 이때 받침점~힘점의 거리도 10cm라면 힘점에 가해야 할 힘은 30kg이지만, 받침점~힘점의 거리를 20cm로 늘리면 힘점에는 그 절반인 15kg의 힘만 필요합니다. 또 받침점~힘점의 거리를 30cm로 늘리면 필요한 힘은 3분의 1인 10kg이 됩니다.

지레의 원리를 나타내는 공식

● 지레의 원리 공식

$$d_1 \times F_1 = d_2 \times F_2$$

d_1 = 받침점~작용점의 거리 F_1 = 작용점에 가하는 힘
d_2 = 받침점~힘점의 거리 F_2 = 힘점에 가하는 힘

'지레의 원리'를 이해했으니 이제 그 원리를 공식으로 나타내면 위와 같습니다.

앞서 본 사례에서는 $d_1 \times F_1 = 10 \times 30 = 300$입니다. $d_2 \times F_2 = 10 \times 30$, 20×15, 30×10으로 모두 300이 되므로 $d_1 \times F_1 = d_2 \times F_2$가 성립합니다. d_2와 F_2의

* 사실 힘의 단위는 'kg'이 아니라 'kgf(킬로그램힘)'입니다만 여기서는 편의상 kg이라고 하겠습니다. '1kgf'이란 '질량이 1kg인 물체에 작용하는 중력의 크기'라는 뜻입니다.

곱이 일정한 값(300)이 되므로 거리 d_2를 늘리면 힘 F_2는 적게 들지요.

우리 주위에는 '지레의 원리'를 이용하는 도구가 많습니다. 이를테면 못뽑이나 가위(특히 원예용 가위)는 지레의 원리를 이용하고 있음을 쉽게 알 수 있습니다. 이 도구들은 모두 받침점~작용점의 거리에 비해 받침점~힘점의 거리가 길므로 '작은 힘으로 큰 힘'을 낼 수 있습니다.

반대로 핀셋은 받침점~힘점의 거리가 짧아 '큰 힘을 작은 힘으로 변환' 할 수 있어 정밀한 작업에 적합합니다. 이밖에도 주위에 '지레의 원리'가 적용된 도구들이 어떤 것이 있는지 한번 찾아보세요.

● **못뽑이, 원예용 가위의 '지레의 원리'**

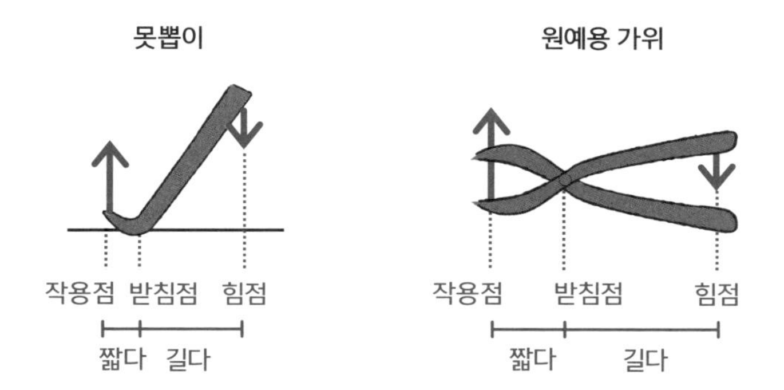

03 마찰 대전

▶ 정전기는 왜 생길까?

마찰 대전

서로 다른 물질을 접촉시켜 문지르면

한쪽에서 다른 쪽으로 전자가 이동한다.

겨울철에 흔히 발생하는 정전기는 문손잡이 따위를 만지는 순간 찌릿하고 전기가 흐르는 현상을 말합니다. 정전기가 잘 생기는 사람을 '정전기 체질'이라고도 하죠.

도대체 전기는 어디에서 어떻게 생기는 걸까요? 사실 전기는 없다가 생겨나는 것이 아닙니다. 전기가 어디에서 오는지 상상할 수 있다면 겨울철 정전기가 조금은 덜 불편해질지도 모르겠네요.

전기는 아무 이유 없이 증가하거나 감소하지 않는다

전기는 양(+)과 음(−), 두 종류가 있습니다. 여러분도 잘 알다시피 양과 양, 음과 음은 서로를 밀어내며, 반대로 양과 음은 서로를 끌어당깁니다. 우리 몸을 비롯해 물질을 구성하고 있는 원자는 양전하를 띠는 원자핵과 음전하를 띠는 전자로 이루어져 있으며, 총 전하량은 플러스마이너스 0입니다.

● **물체가 대전된다는 의미는?**

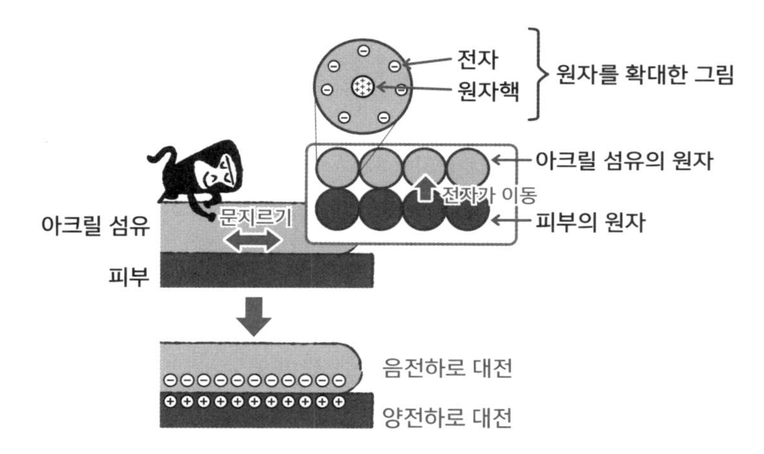

여기서 중요한 규칙이 하나 있습니다. '전하량은 저절로 증가하거나 감소하지 않는다'는 사실입니다. 만일 전하량이 0이었던 물체가 갑자기 음전하를 띤다면 그건 '어디선가 전자가 들어왔다'를 의미합니다. 반대로 양전하를 띤다면 '전자가 어디론가 도망갔다'는 의미죠.* 또 물체가 전기를 띠는 현상을 **'대전(帶電)되다'**라고 부르며, 물체에 전자가 들어오면 '물체가 음으로 대전되다'라고 표현합니다.

* 양전하를 띠는 원자핵이 들락날락하면서 물체의 전하량이 증감할 것 같지만, 원자핵은 전자에 비해 무척 무거워서 이동하는 일은 없습니다.

양전하와 음전하, 어느 쪽으로 대전될까?

● 전자의 재료별 대전 사례

물질의 종류에 따라 전자가 잘 나가기도 하고 그렇지 않기도 합니다. 어떤 물질이든 그냥 내버려두면 전자가 멋대로 나가는 일은 없으며 반드시 어떤 자극을 줘야 합니다. 따라서 두 물체를 밀착시켜 문지르거나 떼어내는 식으로 자극을 주면 한 물체에서 다른 물체로 전자가 이동합니다. 즉, 양쪽 물체가 대전됩니다. 이러한 대전을 **'마찰 대전'**, '박리 대전'이라고 합니다.

위 그림은 대전이 잘되는 정도를 나열한 것으로 '대전열'이라고 합니다. 이 대전열을 참고하면 아크릴 섬유로 피부를 문지르는 경우에, 피부에서 아크릴 섬유로 전자가 이동해 피부가 양으로, 아크릴 섬유가 음으로 대전되었음을 알 수 있습니다.

방전은 왜 일어날까?

● 정전기의 방전 원리는 벼락과 동일하다

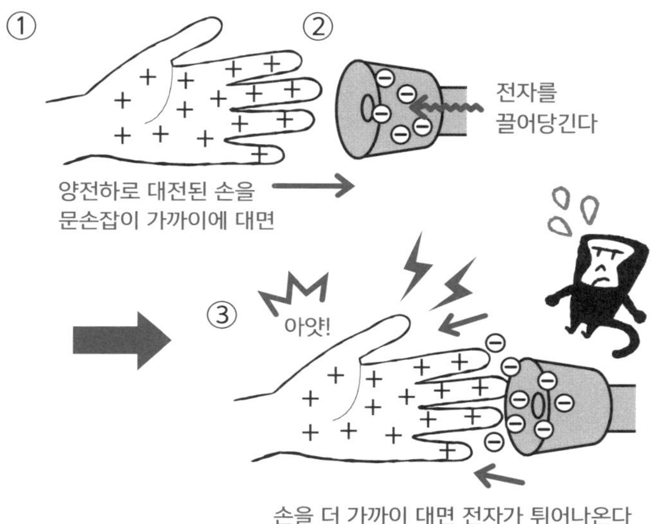

그럼 첫머리에서 설명한 '찌릿'하는 정전기 현상에 대해 살펴봅시다.

지금 인체가 양전하로 대전된 상태에서 손끝을 문손잡이 가까이에 갖다 대었다고 칩시다. 양전하는 음전하를 끌어당기므로 손잡이 안에 있는 전자는 손끝으로 모여듭니다. 손가락을 손잡이 가까이에 대면 댈수록 전자를 끌어당기는 힘이 강해져 어느 정도 가까워지면 전자가 튀어나와 손가락으로 들어옵니다. 이처럼 전자가 어딘가로 방출되는 현상을 '**방전**'이라고 합니다. 단시간에 많은 전자가 손가락으로 날아오면 실제로 불꽃이 보이거나 손가락에 통증을 느낍니다. 이처럼 겨울철에 곧잘 '찌릿'하는 정전기 현상은 그 근원을 더듬어 가보면 마찰 대전이 원인입니다.

또 여름철에 많이 발생하는 벼락도 일종의 마찰 대전입니다. 구름 속에서 얼음 입자끼리 부딪칠 때 큰 입자가 음으로 대전돼 구름 밑에 쌓입니다. 그러면 지표의 전자는 멀리 도망가므로 지표에는 양전하가 나타납니다. 그때 구름 밑에 쌓인 전자가 지표의 양전하를 향해 끌려가면서 지면으로 순식간에 튀어나갑니다. 이것이 벼락입니다. 그러고 보니 찌릿하고 오는 정전기 현상과 벼락은 무척 흡사하죠?

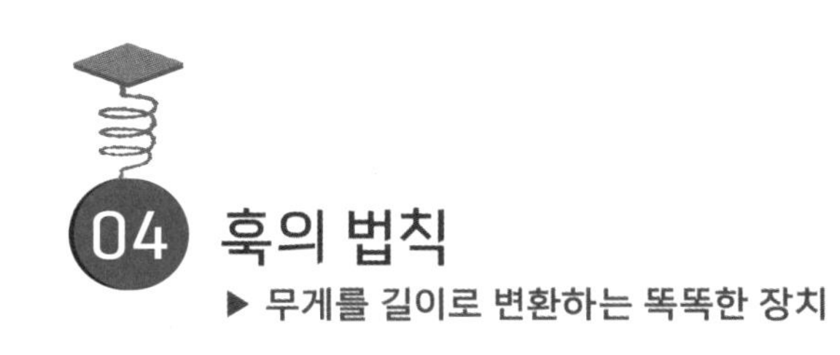

04 훅의 법칙

▶ 무게를 길이로 변환하는 똑똑한 장치

훅의 법칙

대부분의 경우 탄성체에 가한 힘과 변형량은 비례한다.

건강에 신경을 쓰는 사람들은 매일 몸무게를 측정하는 경우가 많은데, 곰곰이 생각해보면 몸무게를 측정한다는 것은 참 신기한 일입니다. 손으로 들었을 때 '무겁다', '가볍다'라는 감각을 수치로 변환해야 하니 말입니다.

용수철의 변형량과 힘의 관계

오해를 무릅쓰고 말하자면 '무게를 길이로 변환하는 법칙'이 있습니다. 그 법칙에 따라 눈에 보이지 않는 무게라는 양을 자 따위로 측정 가능한 길이로 변환해 눈금으로 표시하죠.

이 법칙을 **'훅의 법칙'*** 이라고 합니다. 중학교 과학 시간에 '용수철이 늘

* 법칙명은 발견자 로버트 훅(Robert Hooke, 1635~1703)에서 유래합니다. 훅은 이밖에도 현미경을 이용해 처음으로 세포 구조를 관찰하는 등 다양한 업적을 남겼습니다.

어나는 정도와 용수철에 가한 힘은 비례 관계'라고 배우기 때문에 이를 기억하고 있는 사람도 있을 겁니다.

이를테면 1kg 무게로 1cm 늘어나는 용수철이 있다면, 2kg의 추를 매달면 2cm 늘어나고 3kg의 추를 매달면 3cm 늘어나는 식입니다.

● 용수철저울은 '변환기'였다!

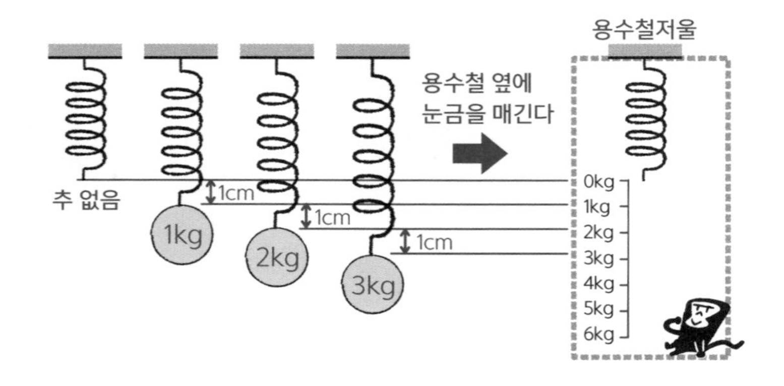

이 성질을 그대로 이용한 도구가 '용수철저울'입니다. 이 저울은 늘어나는 길이에 따라 무게의 눈금을 매겨두면 눈금의 수치를 보고 무게를 알 수 있습니다. 참 근사한 아이디어죠?

자, 그렇다면 체중계는 어떨까요? 여기서는 위에 올라서면 눈금판이 회전하는 아날로그 체중계를 상상해봅시다. 이러한 장치는 사람이 올라서면 용수철이 늘어나는 움직임을 톱니바퀴를 이용해 회전운동으로 변환하면 됩니다. 눈금판이 고정돼 있고 바늘이 회전하는 체중계 역시 용수철의 변형량을 바늘의 회전운동으로 변환합니다.

디지털 체중계에도 사용하는 '훅의 법칙'

그러나 요즘 체중계는 디지털 방식이 대세입니다. 디지털이라 하면 '전기적으로 처리하는 거니까 내부는 복잡해서 잘 모르겠어' 하고 그냥 넘어가기 쉬운데, 우리는 한발 더 들어가 봅시다.

사실 디지털 체중계는 용수철을 사용하지는 않지만 넓은 의미에서는 훅의 법칙을 이용합니다. 그 열쇠는 **기왜체(起歪体)**라는 생소한 이름의 작은 도구에 있습니다. 기왜체는 수 센티미터 크기의 금속 블록인데, 이 블록에 힘을 가하면 살짝 변형됩니다. 그리고 가한 힘의 크기와 변형된 정도는 비례 관계에 있습니다. 이를테면 10kg의 힘으로 1mm가 변형되는 식입니다. 용수철뿐 아니라 탄성체(변형돼도 원래대로 복원되는 물체)에 가한 힘과 변형량에 비례 관계가 성립할 때, 그 관계를 일반적으로 훅의 법칙이라고 하죠.

기왜체에는 도선이 부착되어 있습니다. 이 도선은 기왜체와 함께 변형되는데, 변형량에 비례해 저항값이 변화하는 성질이 있습니다. 때문에 이 도선을 **'스트레인 게이지(Strain Gauge)'**라고 합니다(스트레인은 '변형', 게이지는 '측정하는 도구'라는 뜻). 다시 말해, 기왜체와 스트레인 게이지의 조합으로 위에 얹는 물체의 무게에 비례해 전기 저항이 변화하는 회로를 만들 수 있습니다. 무게에 비례해 전기 저항이 변화하면 출력되는 전압값도 무게에 비례해 변화하므로, 그 변화치를 통해 무게를 산출할 수 있는 원리죠.

이야기가 조금 복잡해졌는데, 디지털 체중계 역시 무게를 감지하기 위해서는 우선 '변형량'이라는 아날로그식 물리량부터 시작하는 것이 포인트입니다. 그 결정적 역할을 가장 먼저 해내는 것이 훅의 법칙이죠.

또 지금까지 일부러 언급하지 않았는데, 훅의 법칙이 성립하는 무게에는 재질이나 모양에 따라 여러 '한계치'가 존재합니다. 그 한계치를 넘어선 힘을 기왜체에 가하면 기왜체는 변형된 채 복원되지 않거나 부러지기도 합니다. 말하자면 추가 너무 무거울 경우엔 용수철이 띠용~ 하고 늘어나서 다시 돌아오지 않는 상태가 되는 것이죠.

● **스트레인 게이지와 기왜체로 무게를 측정한다**

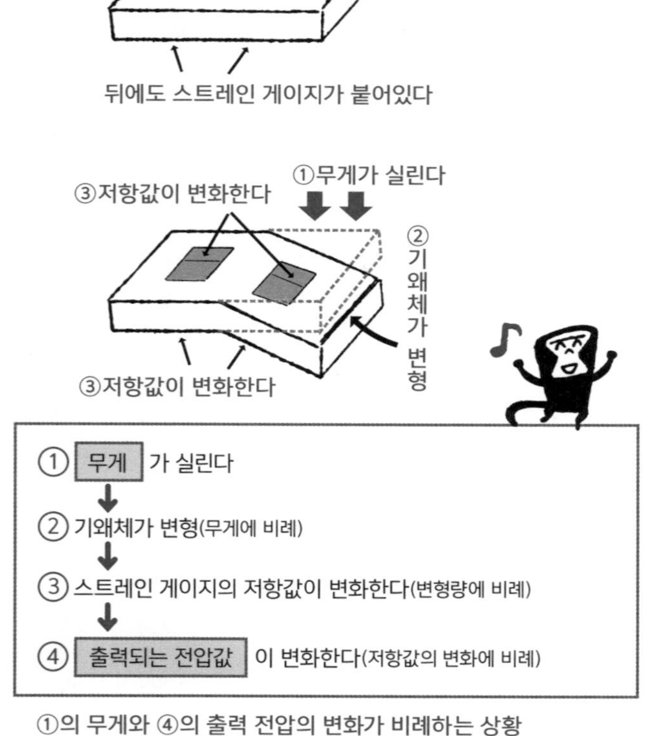

①의 무게와 ④의 출력 전압의 변화가 비례하는 상황

물론 기왜체의 한도를 넘어설 만큼 살이 찌는 일은 없겠지만 실수로 너무 무거운 물체를 체중계에 올리지 않도록 주의해야 합니다. 이 또한 물리의 지혜입니다.

05 관성의 법칙

▶ 전철이 급제동을 하면 왜 몸이 앞으로 쏠릴까?

관성의 법칙

힘을 가하지 않은 물체는 멈춰있는 경우에는 계속 멈춰 있고,
움직이고 있는 경우에는 계속 등속 직선 운동을 한다.

내용을 정확히 기억하지는 못해도 '관성의 법칙'이라는 말은 일상에서 가끔 사용하곤 합니다. 이를테면 전철 안에서 급제동이 걸려 몸이 앞으로 쏠릴 때 '이런 걸 관성의 법칙이라고 하던가?' 하고 기억이 나기도 하지요. 그 관성의 법칙을 다시 살펴보기 위해 요즘 중학교에서 사용하는 교과서를 펼쳐봤더니 다음과 같이 적혀있었습니다.

'외부에서 힘이 작용하지 않는 경우 (또는 힘이 평형을 이루고 있는 경우), 정지한 물체는 계속 정지하고, 운동하던 물체는 계속 같은 속도로 등속 직선 운동을 한다. 이를 **관성의 법칙**이라고 한다.'

이 문장을 살짝 고쳐 쓴 것이 첫머리의 정의 내용입니다.

‘관성의 법칙’으로 바라본 일상

이 법칙을 통해 다양한 일상의 경험을 설명할 수 있습니다. 몇 가지 살펴보도록 하죠.

먼저 앞서 소개한 사례인 ‘전철이 급제동을 하면 승객의 몸이 전철 앞쪽으로 쏠린다’부터 생각해봅시다. 이 현상을 관성의 법칙으로 설명하는 요령은 ‘그 모습을 전철 밖에서 보는 것’입니다. 감속하기 전에 전철이 시속 40km로 달리고 있다고 칩시다. 이 전철은 밖에서 보면 전철과 승객 모두 시속 40km로 달리고 있는 상태입니다. “뭐? 승객이 시속 40km?” 하고 언뜻 이해가 가지 않는 사람은 전철이 온통 투명한 유리로 되어있다고 상상해보세요. 승객들만 시속 40km로 슥 미끄러지듯 움직이는 모습을 떠올릴 수 있을 겁니다.

자, 이때 전철이 제동을 걸었다고 칩시다. 그러면 전철의 속도가 느려집니다(예컨대 시속 30km가 됐다고 합시다).

● **제동을 걸었을 때 작용하는 ‘관성의 법칙’**

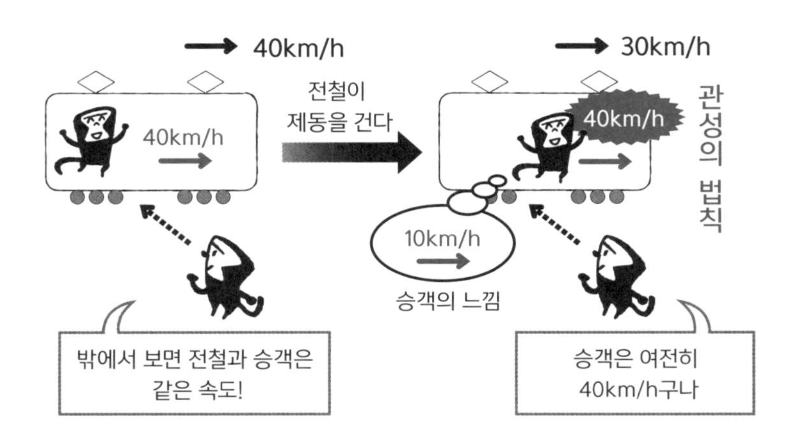

반면 승객에게는 제동이 걸리지 않았으므로 승객의 속도는 여전히 시속 40km입니다(설명을 간단하게 하기 위해 신발 밑창의 마찰력은 0이라고 합시다). 이것이 관성의 법칙입니다. 즉, 힘이 작용하지 않는 물체(=제동이 걸리지 않은 승객)는 움직이고 있을 때는 계속 등속 직선 운동을 합니다.

그리고 이때 전철 안의 상황을 상상해봅시다. 전철만 감속하고 승객은 감속하지 않았기 때문에 상대 속도 시속 10km로 전철 앞쪽을 향해 미끄러지겠죠? 그 상황을 정리한 것이 앞 페이지의 그림입니다.

실제로는 바닥과 신발 밑창 사이에 마찰력이 작용해 전철과 동일한 시속 30km로 감속되지만 상체만 감속되지 않아 앞으로 미끄러지는, 즉 '앞으로 쏠리는' 상황이 벌어집니다.

또 하나, 조금 어려운 예를 들어보겠습니다. 지금 여러분이 버스에 타고 있다고 칩시다. 버스가 커브를 돌면 승객인 여러분은 어떻게 느낄까요? 이번에도 버스 밖에서 관찰해보겠습니다.

옆 페이지의 그림처럼 승객이 버스 한가운데 서있고, 커브를 돌기 전에는 버스와 승객이 같은 속도로 움직이고 있는 상황에서 시작해봅시다. 이때 버스가 오른쪽으로 커브를 돌기 시작하면 관성의 법칙에 따라 승객은 원래 속도로 전진합니다(신발 밑창의 마찰력은 0이라고 합시다). 이때 차내의 상황을 상상해보면 버스 한가운데 서있던 승객은 자기도 모르게 버스 왼편으로 몸이 기울어집니다. 다시 말해, 승객은 '커브 바깥 방향으로 떠밀리는' 느낌을 받죠. 이것이 관성의 법칙입니다.

참고로 이 '커브 바깥쪽으로 몸을 밀어내는 작용을 하는 힘'을 **'원심력'**이라고 합니다. 여기서는 이 이상 깊이 들어가지는 않지만, 원심력은 커브를 도는 버스나 회전목마처럼 발밑이 회전운동을 하고 있을 때 느끼는 힘*입니다. 이 힘도 그 뿌리를 더듬어 가보면 관성의 법칙에 도달한다는 점이 참 재미있습니다.

● **원심력도 관성의 법칙!**

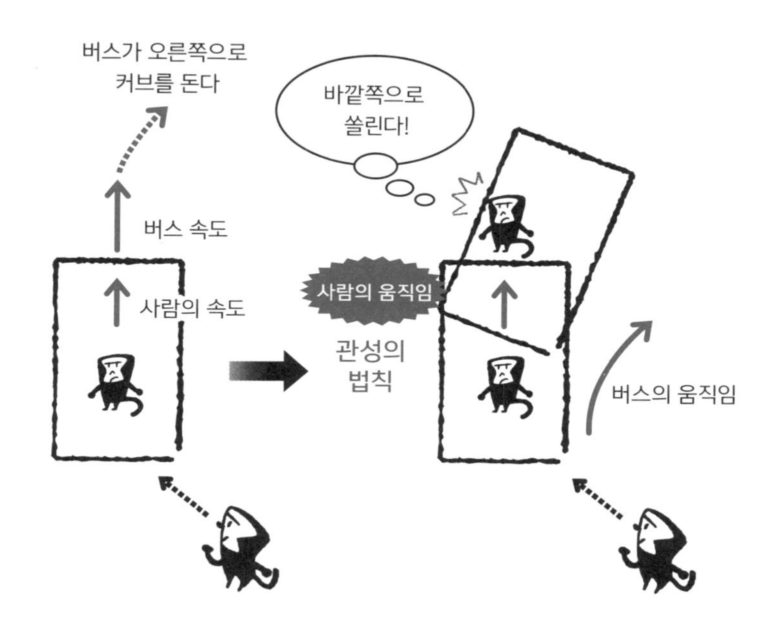

관성계와 뉴턴 역학

관성의 법칙이 성립하는 관측자의 입장을 **'관성계(慣性系)'**라고 합니다. 이를테면 지구 위에서 정지하고 있는 관측자는 관성계로 볼 수 있습니다. 그러나 지구의 자전이 문제가 되는 경우에는 관성계로 볼 수 없기도 합니다. 즉, 어떠한 힘도 작용하지 않는 물체가 등속 직선 운동이 아닌

* 엄밀히 말하면 이 상황에서 승객은 버스 바깥쪽에 대해 살짝 왼쪽으로 휘어집니다. 이 효과를 '코리올리 힘'이라고 합니다.

휘어진 경로로 운동을 하기도 하죠(PART 5-01).

또 관성의 법칙은 **'뉴턴 역학'**이라는 역학 체계가 성립하기 위한 대전제이며 **'운동 제1법칙'**이라고도 합니다. 이밖에 운동 제2법칙, 운동 제3법칙을 한데 묶은 이론 체계가 뉴턴 역학입니다. 보통 크기의 물체*의 운동을 거의 완벽하게 글로 표현한 것이 뉴턴 역학의 특징입니다.

* '보통 크기의 물체'란 원자만큼 작지 않은 물체, 이를테면 볼링공·자동차·인공위성·행성 따위를 가리킵니다.

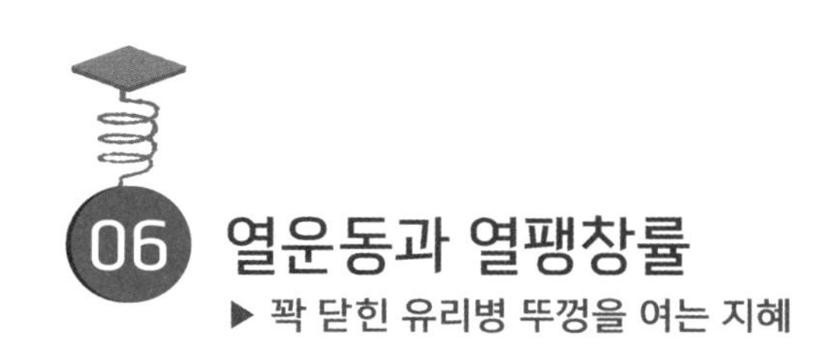

06 열운동과 열팽창률

▶ 꽉 닫힌 유리병 뚜껑을 여는 지혜

열운동과 열팽창률

물체의 원자, 분자는 온도에 따라 무작위 운동(열운동)을 한다.
온도가 상승하면 열운동이 활발해지기 때문에
일반적으로 물체의 부피는 커진다.

우리 주변의 물체는 따뜻하게 해주면 팽창합니다. 당장 머릿속에 떠오르는 것이라면 아무래도 '공기'가 아닐까요? 한여름에 밀봉한 봉지를 차 안에 두면 빵빵하게 부풀어 오릅니다. 열기구는 이와 동일한 원리로, 버너로 가열한 공기를 이용해 기구를 부풀립니다. 그런데 물체가 따뜻해지면 왜 팽창하는 걸까요?

열운동의 강도는 온도의 지표

이는 모든 물질에 존재하는 **'열운동'**이라는 운동에 원인이 있습니다. 예컨대 공기 따위의 기체는 원자, 분자가 자유로이 돌아다닙니다. 그 돌아다니는 속도(정확하게는 '운동 에너지')는 온도에 따라 달라서 '온도가 높을수록 돌아다니는 속도가 빨라지는' 성질이 있습니다. 이처럼 온도가 올라감에 따라 격렬해지는 무작위 운동을 '열운동'이라고 합니다. 공기를 담아둔 봉지는 온도가 올라갈수록 열운동이 거세지기 때문에 팽창하는 것이죠.

이 열운동의 성질은 기체뿐 아니라 액체나 고체에도 적용됩니다. 고체는 기체와 달리 물체의 형태가 뚜렷하므로 원자가 자유로이 돌아다니지 못하고 어느 정도 정렬된 위치를 중심으로 진동합니다. 그 진동하는 속도 역시 온도와 함께 빨라집니다. 따라서 온도가 올라가면 원자 간의 거리가 살짝 벌어지는데, 즉 고체 전체가 약간 팽창합니다.

열팽창은 물질에 따라 다르다

● **온도에 따른 기체, 액체, 고체의 열운동 차이**

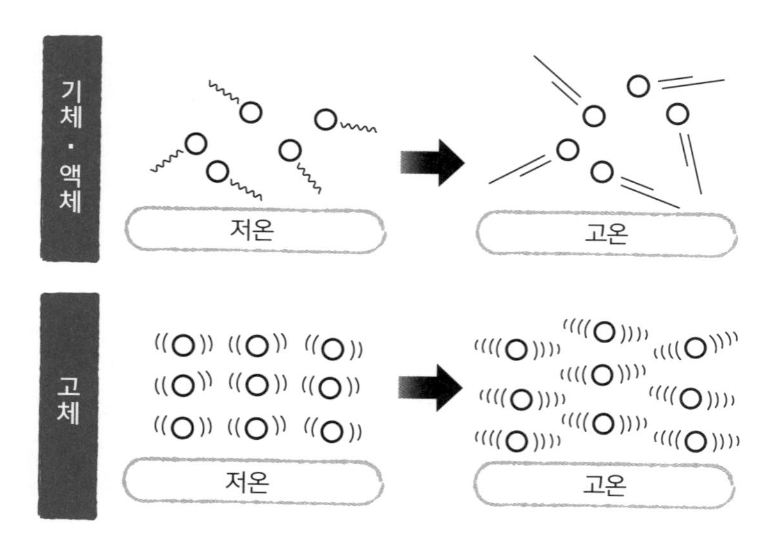

온도가 올라갔을 때 부피가 증가하는 정도를 **'열팽창률'**이라고 합니다. 물질에 따라 상당히 큰 차이를 보이는 열팽창률은 원자의 정렬 방식 등으로 결정되는데, 이를테면 유리와 철의 경우 철이 더 열팽창률이 높습니다. 이를 잘 이용하면 유리병 뚜껑이 너무 꽉 닫혀 열기 힘들 때 간단히 해결할 수 있습니다. 유리병 전체를 데우면 유리병보다 철이 더 팽창하기 때문에 죽어라 힘을 주지 않아도 뚜껑을 열 수 있습니다. 그야말로 생활의 지혜라고나 할까요?

다른 비슷한 예로, 뜨거운 물로 작은 사발 같은 식기를 씻은 뒤(이를테면 식기 세척기를 사용한 경우) 아직 뜨거울 때 겹쳐 놓으면 다 식었을 때 사발끼리 잘 안 빠지는 경우가 있습니다. 이는 그릇이 식으면서 수축했기 때문입니다.

열팽창을 잘 활용한 예로는 수은과 알코올을 이용한 온도계가 있습니다. 온도가 상승함에 따라 수은과 알코올이 팽창하면 구부(온도계의 동그란 부분)에서부터 가느다란 관을 타고 올라갑니다. 몇 ℃일 때 얼마나 팽창하는지는 열팽창률에 근거해 계산할 수 있으므로 관에 눈금을 매기는 일이 가능하답니다.

열팽창률이 마이너스인 경우

온도가 올라갈수록 부피가 커진다고 설명했는데, 사실 그 반대의 현상이 일어나는 경우도 있습니다.

물은 0℃에서 4℃ 사이에서는 온도가 올라갈수록 수축합니다(4℃를 넘으면 온도가 올라갈수록 팽창합니다). 이는 얼음일 때의 결정 구조 때문입니다. 얼음은 물 분자(H_2O)가 규칙적으로 배열된 상태인데, 그 정렬 방식

(결정 구조)을 보면 빈 공간이 제법 큽니다.

때문에 온도가 0℃가 넘어 액체가 되는(즉, 결정 구조가 흐트러지는) 과정에서 물 분자가 빈 공간으로 침투해 부피가 조금 줄어듭니다. 물론 온도의 상승으로 열운동이 활발해져 부피가 커지는 효과도 있지만, 4℃ 이하에서는 부피가 작아지는 효과가 조금 더 강합니다.* 우리가 모르는 곳에서 물리 법칙에 따라 분자끼리 필사의 경쟁을 벌이는 모습이 떠오르지 않나요?

● 물은 0~4℃에서는 온도가 올라가도 부피가 준다?

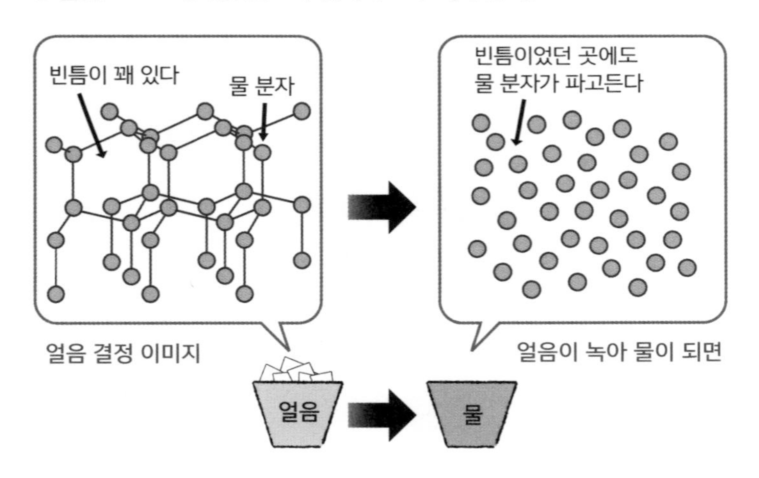

이처럼 '온도가 올라갈수록 수축'하는 성질을 가진 물질은 인공적으로도 만들어냅니다. 철 같은 복수의 금속산화물을 특수한 방법으로 합성해서 만들 수 있는데, 일반적인 물질(온도가 올라갈수록 팽창)과 조합해서

* 물은 4℃보다 온도가 내려가면 부피가 증가하는데, 때문에 겨울철 연못의 경우 위쪽에 차가운 물이 떠오릅니다. 연못 바닥이 아닌 표면부터 얼음이 어는 이유가 바로 이 때문입니다.

열팽창을 가급적 억제하기 위한 목적으로 쓰입니다. 온도 변화에 따라 팽창·수축을 되풀이하면 기계는 고장이 나기 때문에 오랫동안 성능을 유지하기 위해서는 이러한 아이디어도 필요합니다.

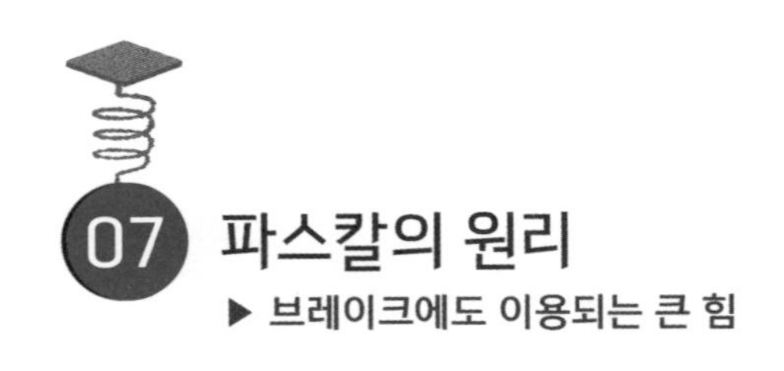

07 파스칼의 원리

▶ 브레이크에도 이용되는 큰 힘

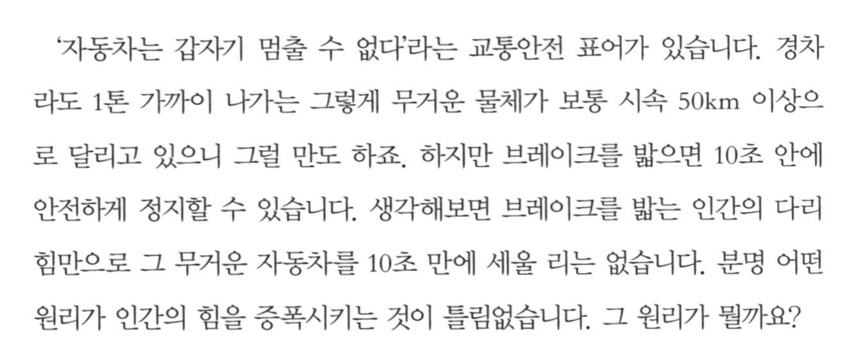

파스칼의 원리

밀폐된 비압축성 유체의 어느 한곳에 압력을 가하면 유체 내의 모든 점의 압력이 동일하게 높아진다.

'자동차는 갑자기 멈출 수 없다'라는 교통안전 표어가 있습니다. 경차라도 1톤 가까이 나가는 그렇게 무거운 물체가 보통 시속 50km 이상으로 달리고 있으니 그럴 만도 하죠. 하지만 브레이크를 밟으면 10초 안에 안전하게 정지할 수 있습니다. 생각해보면 브레이크를 밟는 인간의 다리 힘만으로 그 무거운 자동차를 10초 만에 세울 리는 없습니다. 분명 어떤 원리가 인간의 힘을 증폭시키는 것이 틀림없습니다. 그 원리가 뭘까요?

힘을 증폭시키는 장치라 하면 '지레의 원리'가 있습니다. 그러나 사람의 힘으로 자동차를 멈추게 하려면 그것만으로는 부족합니다. 그래서 승용차에는 보통 '유압식 브레이크'를 사용합니다. 유압식 브레이크는 지레의 원리와는 전혀 다른 '파스칼의 원리'를 이용해 힘을 증폭시킵니다.

압력이란 무엇일까?

● 먼저 '압력'부터 이해하자

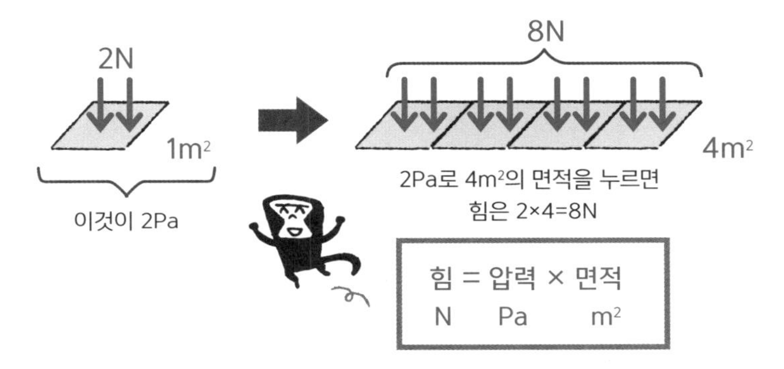

우선 파스칼의 원리에 등장하는 **'압력'**이란 무엇일까요? 압력은 '단위 면적당 작용하는 힘'이라는 뜻입니다. $1m^2$당 작용하는 힘, 즉 N/m^2를 Pa(파스칼)이라는 단위로 나타냅니다[N(뉴턴)* 은 힘의 단위]. 가령 $1m^2$를 2N의 힘으로 누른다면 압력은 2Pa입니다.

그럼 연습 문제입니다. 2Pa의 압력으로 $4m^2$의 면적을 누른다면 총 얼마의 힘이 필요할까요? $4m^2$의 면적을 2Pa의 압력으로 누르기 위해서는 2×4=8N이 됩니다. 위의 그림에서 보듯이 '힘=압력×면적'이라는 관계가 성립합니다.

압력이 전달되면 힘이 증폭되는 이유

'힘을 증폭시킨다'는 파스칼의 원리는 다음과 같습니다.

---

* 1kg의 무게에 해당하는 힘은 대략 9.8N입니다. 이 9.8은 'PART2-01'에 등장하는 중력 가속도에서 온 값입니다.

● **일부에 가한 압력은 다른 부분에도 전달된다**

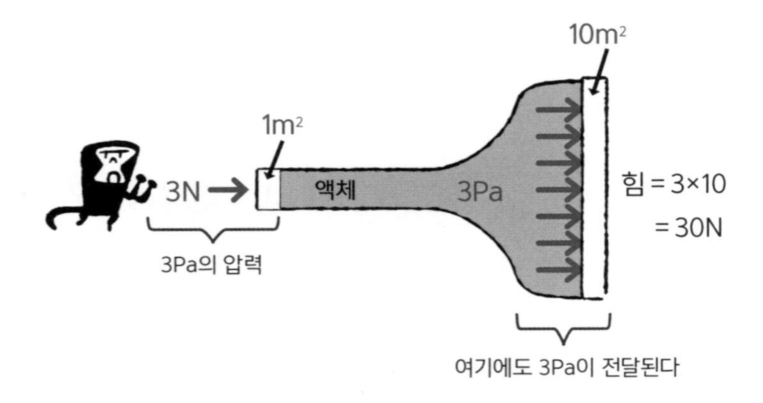

비압축성 유체(기름이나 물처럼 압축할 수 없는 유체)를 새지 않도록 밀폐 용기에 담습니다. 그리고 그 밀폐된 액체의 한 부분에 힘을 가합니다. 예컨대 압력을 3Pa 높이면 액체 내의 모든 점에서(즉, 모든 부분에서) 압력이 3Pa만큼 높아집니다.

그렇다면 왜 파스칼의 원리로 힘을 증폭시킬 수 있을까요? 앞서 설명한 '압력과 힘의 관계'를 떠올려봅시다. 3Pa이란 '$1m^2$당 3N의 힘'을 의미합니다. 따라서 누르는 면적이 커지면 힘도 커집니다. 이를테면 유체 한쪽의 피스톤(덮개) 면적을 $1m^2$, 다른 한쪽의 피스톤 면적을 $10m^2$로 하면, $1m^2$의 피스톤을 3N의 힘(=3Pa의 압력)으로 눌렀을 때 다른 한쪽의 피스톤에도 3Pa이 전달되며, 면적이 $10m^2$이므로 힘은 30N이 됩니다.

즉, 자동차 브레이크라면 브레이크 페달 쪽에 면적이 작은 피스톤을, 타이어 쪽에 면적이 큰 피스톤을 배치해서 브레이크 페달을 밟는 힘을 몇 배나 증폭시킨 형태로 타이어에 전달할 수 있습니다. 이러한 방식의 브레이크를 기름의 압력을 이용한다고 해서 '유압 브레이크'라고 합니다.

압력이 균일하게 전달되는 이유

여기에서 또 한 가지 의문이 듭니다. 밀폐된 비압축 유체 내에서는 왜 압력이 균일하게 전달될까요? 조금 어려울 수도 있지만 함께 생각해봅시다.

유체의 한쪽 끝을 피스톤으로 강하게 누른다고 합시다. 그러면 피스톤에 닿는 유체의 분자가 강하게 떠밀려 분자의 속도가 올라갑니다. 유체 안에는 분자가 가득 들어있으므로 분자끼리 자꾸 충돌하면서 모든 분자의 속도가 동일하게 올라갑니다.

분자 한 개가 충돌할 때 피스톤에 가하는 힘은 속도에 의해 결정됩니다. 이는 문을 똑똑 두드릴 때와 흡사합니다. 한 번 두드릴 때 문에 가하는 힘은 주먹의 속도로 결정되죠. 따라서 피스톤의 면적이 넓으면 넓을수록 충돌하는 분자의 개수가 많아져 피스톤에 미치는 힘이 커집니다.

평소에 별 생각 없이 밟는 브레이크지만 발밑에서 기름 분자가 두두두 충돌하면서 타이어에 힘을 전달하는 상황을 상상해보면 참 신기하기도 하거니와, 한편으로 물리의 힘이 얼마나 위대한지도 조금은 느낄 수 있을 듯합니다.

브레이크뿐 아니라 굴착기의 암(Arm), 비행기의 방향 전환 등 큰 힘이 필요한 상황에서 파스칼의 원리가 이용됩니다. 주위를 살펴보면서 '혹시 이것도 파스칼의 원리일까?' 하고 상상해봅시다. 그 응용 범위가 생각보다 훨씬 넓어 꽤 흥미로울 겁니다.

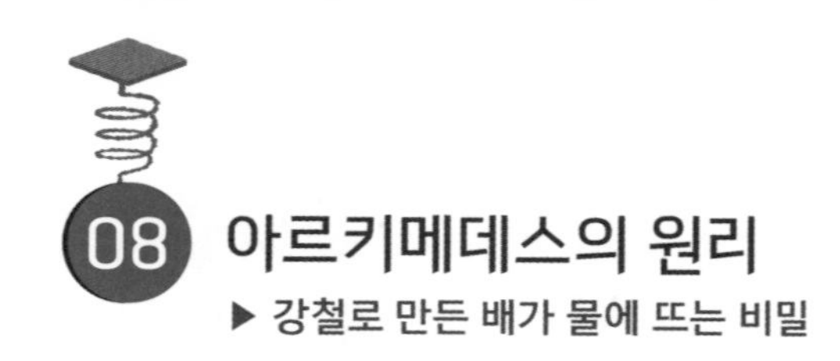

08 아르키메데스의 원리

▶ 강철로 만든 배가 물에 뜨는 비밀

아르키메데스의 원리

유체에 잠긴 물체에는 그 물체가 밀어낸 유체의 무게와 같은 크기의 부력이 위쪽으로 작용한다.

수영장이나 바다 같은 물속에서는 몸이 자연스레 뜹니다. '그야 부력이 작용하니까' 하고 가볍게 생각할 수 있지만 유조선 같이 거대한 강철 덩어리도 부력으로 뜨는 걸까요? 대체 부력이란 무엇일까요? 바닷물은 땅처럼 형태가 뚜렷하지 않음에도 우리 몸이나 배를 밑에서 떠받치다니 참 불가사의한 일입니다.

수압의 원리

먼저 수압의 원리부터 이해합시다. 물속에 잠긴 물체에는 주변의 물 분자가 계속 충돌합니다. 이 충돌로 물체에 미치는 힘이 수압입니다. 물론 물 분자 하나하나는 힘이 약하지만 아주 많은 수가 물체에 충돌하기 때문에 나름 큰 수압이 됩니다. 여기서 중요한 점은, 수압이란 모든 방향에서 물체에 작용하는 힘이라는 사실입니다.

또 수압은 깊은 곳일수록 커지는 성질이 있습니다. 어느 점의 수압의 크기는 그 점 위에 있는 물을 떠받치는 데 필요한 압력이기 때문입니다. 아래 그림을 보면 알 수 있듯이, 깊을수록 '위에 있는 물'의 양이 증가하므로 그 물을 떠받치기 위해 큰 힘이 필요하게 됩니다. 요컨대 깊을수록 수압이 높아집니다.

● **물속의 물체에는 모든 방향에서 힘이 밀려온다**

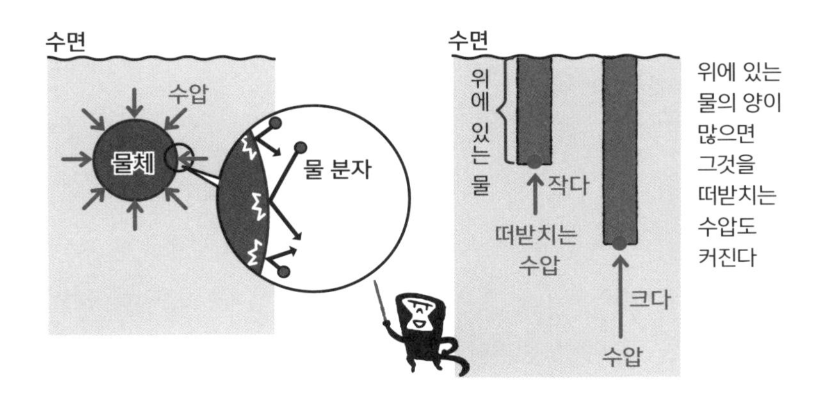

부력의 원리

자, 이제 드디어 부력의 원리입니다. 다음 페이지의 그림처럼 직육면체가 물속에 잠긴 상황을 상상해봅시다. 직육면체에는 모든 방향에서 수압이 작용합니다. 즉, 직육면체는 상하좌우 모든 방향에서 떠밀립니다. 하지만 깊은 곳의 수압②가 더 크므로 직육면체가 물로부터 받는 힘의 압력은 위쪽으로 작용하는 힘이 조금 남습니다. 이 '여분의 위로 향하는 힘'이 '**부력**'입니다.

● **아르키메데스의 원리를 이해하자!**

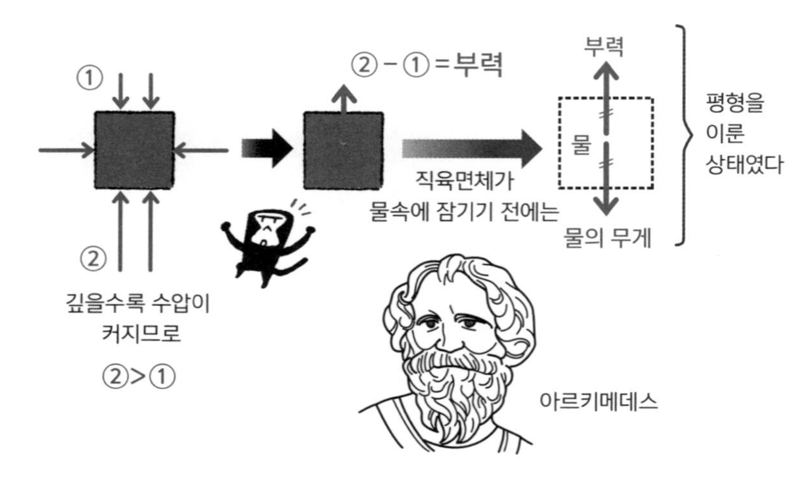

그리고 이 부력의 크기는 다음과 같이 생각할 수 있습니다. 이 직육면체가 물에 잠기기 전의 상황을 상상해보면, 직육면체가 있는 자리에는 물이 가득했습니다. 그 물은 직육면체와 같은 크기의 부력을 받아 그 자리에 머물러있었죠. 즉, 이 물의 무게와 부력의 크기는 동일하다(평형을 이루고 있다)고 할 수 있습니다. 이것이 '**아르키메데스의 원리**'의 의미입니다. 직육면체가 밀어낸 물의 무게와 직육면체가 받는 부력의 크기는 동일한 것이죠.

또 아르키메데스의 원리가 성립하는 '유체'는 물과 같은 액체뿐 아니라 공기 같은 기체도 포함됩니다. 공기는 무척 가벼워서 1cm^{3}에 1.3mg(1mg은 1/1,000g) 정도밖에 되지 않는데, 과연 무언가가 공기 중에 뜰까요? 이를테면 부풀린 풍선[지름이 20cm라면 $4\pi \div 3 \times (20)^3 = 33{,}000$cm^3 정도]에 가해지는 부력은 1.3mg×33,000=42,900mg=42.9g 정도라고 계산할 수 있습니다. 고무풍선 정도는 충분히 공중에 뜹니다.

유조선이 물에 뜨는지 알아보는 계산

그렇다면 이 원리로 정말 사람이나 유조선도 물에 뜰까요? 귀찮더라도 얼른 계산해봅시다. 어림셈이면 됩니다.

예컨대 몸무게 60kg에 키 170cm인 사람으로 생각해봅시다. 계산하기 편리하게 체형을 '직육면체'로 가정하고 높이 170cm, 너비 40cm(어깨너비 정도), 깊이 10cm(배에서 등까지의 두께)라고 칩시다.

이 사람이 물에 가라앉으면서 밀어내는 물의 부피는 다음과 같습니다.

$170 \times 40 \times 10 = 68{,}000\text{cm}^3$

1cm^3의 물의 무게는 1g이므로 $68{,}000\text{cm}^3$라면 부력의 크기는 68,000g, 즉 68kg입니다. 이러한 어림셈으로도 몸무게와 거의 비슷한 크기의 부력이 나옵니다. 우리가 물에 뜨는 이유는 부력 덕분이라는 사실을 이제 이해할 수 있겠죠?

그렇다면 유조선은 어떨까요? 이데미쓰 탱커(일본의 외항운송사–옮긴이)에 따르면, 30만 톤급의 유조선은 대략 길이 330m, 너비 60m, 물에 잠기는 깊이는 20m 정도라고 합니다. 즉, 이 유조선이 밀어내는 물의 부피는 다음과 같습니다.

$330 \times 60 \times 20 = 396{,}000\text{m}^3$

1m^3의 물의 무게는 1톤*이므로, 부력의 크기는 39만 6천 톤이 됩니다. 이는 30만 톤 정도의 유조선을 띄울 때 필요한 크기의 부력이죠.

이처럼 작은 규모에서 큰 규모까지 동일한 원리가 성립한다는 점이 물리의 묘미인 듯합니다.

---

* 1m^3는 1,000ℓ입니다. 물 1ℓ의 질량은 정확히 1kg이므로 1,000ℓ는 1,000kg, 즉 1톤(t)이 됩니다. 덧붙이자면, 해수는 담수보다 몇 % 정도 더 무겁지만 어림셈이므로 여기서는 무시하기로 합니다.

PART 2

사물의 움직임을 통해 물리 이해하기

01 낙하 법칙

▶ 무거운 물체와 가벼운 물체를 동시에 떨어뜨리면?

낙하 법칙

공기 저항을 무시할 수 있다면 낙하하는 물체는 일정 비율로 가속하며, 그 가속도는 물체의 질량과 무관하다.

무거운 물체와 가벼운 물체를 동시에 떨어뜨리면 어느 쪽이 먼저 땅에 떨어질까요? 어린 시절에 한번쯤은 이런 의문을 가져본 적이 있을 겁니다. 언뜻 생각하기에는 무거운 물체에 더 큰 중력이 작용하므로 먼저 땅에 떨어질 것 같지만, 학교에서는 '동시에 떨어진다'고 배웁니다. 맞는 이야기기는 한데, 왜 그런지를 생각해보면 쉽게 이해가 가지 않습니다. 실제로는 어떨까요?

갈릴레오 갈릴레이의 사고 실험

이 문제를 실제로 실험하기에는 여러 가지로 쉽지 않습니다. 가령 '쇠구슬과 휴지를 동시에 떨어뜨리면?'이라는 문제를 생각해보면 당연히 휴지가 팔락팔락 천천히 떨어집니다. 이는 잘 알다시피 공기 저항 탓이므로 '공기 저항이 없는 상태'에서 실험을 해야 합니다. 하지만 그런 장소를 만들기란 쉽지 않으니, 하다못해 공기 저항의 영향을 줄이는 조건에서 서로 다른 재질로 동일한 형태와 크기를 가진 공 두 개를 준비해봅시다. 너무 가벼우면 공기 저항의 영향이 커지므로 어느 정도 무게가 나가는 공이어야 하는데, 무거운 물체를 높은 곳에서 떨어뜨리는 일은 상당히 위험합니다.

이러한 난관들이 골치 아팠던지 이 문제를 의외의 방향에서 접근한 인물이 있었습니다. 바로 그 유명한 갈릴레오 갈릴레이(Galileo Galilei, 1564~1642)입니다. 갈릴레이는 저서 『새로운 두 과학*Due Nuove Scienze*』에서 자신의 대변자인 살비아티라는 등장인물을 통해 다음과 같은 논증을 펼치고 있습니다.

> ① 가벼운 돌 A와 무거운 돌 B를 각각 따로 떨어뜨리는 경우, 무거운 돌 B가 빨리 떨어진다고 가정해보자.
> ② 이번에는 가벼운 돌 A와 무거운 돌 B를 실로 연결한 뒤 떨어뜨려보자. 그러면 ①의 가정에 따라 무거운 돌 B가 먼저 떨어져야 하지만, 무거운 돌 B는 실에 의해 위쪽으로 당겨지므로 ①의 경우보다 늦게 떨어진다.
> ③ 그런데 '실로 연결된 두 개의 돌 AB'는 '무거운 돌 B'보다 더 무겁다. 그렇다면 가정 ①에 따라 AB가 B보다 빨리 떨어져야 하는데 ②는 그 반대의 결과를 의미한다.
> ④ 이처럼 '무거운 것이 더 빨리 떨어진다'고 가정한 결과 '무거운 것이 늦게 떨어진다'는 모순된 결론을 얻었기에 처음의 가정은 틀렸다.

● **사고 실험의 방법**

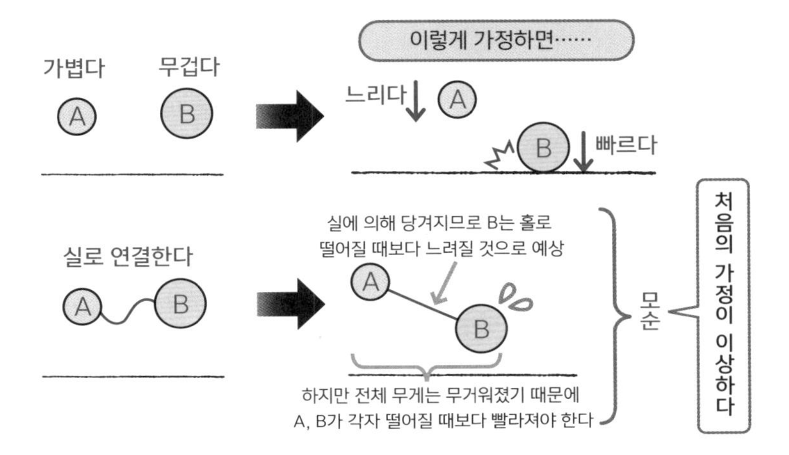

물론 가벼운 쪽이 먼저 떨어진다고 가정해도 역시 모순이 나오기 때문에 결국 '무거운 것과 가벼운 것 모두 동시에 떨어진다'는 결론을 내릴 수밖에 없습니다.

이처럼 실제로 실험을 하지 않고도 논리적으로 실험의 결론을 도출해 내는 것을 **'사고 실험'**이라고 합니다. 낙하 실험처럼 실제로 행하기 힘들 때 사고 실험을 통해 본질을 발견해내는 것은 효과적인 방법인 셈입니다.

가속도는 일정하다

그렇다면 실제로 속도는 어떻게 될까요? 처음에는 느리다가 점점 속도가 빨라진다(가속한다)는 사실은 익히 알고 있습니다. 그 가속 정도(**가속도**)는 현대에 와서 측정한 결과 '1초당 약 9.8m/s씩 빨라진다'*고 밝혀졌

* 이 '1초당 9.8m/s씩 빨라진다(9.8m/s²)'는 가속도를 '중력 가속도'라고 합니다. 물체가 지구의 중력에 끌려가면서 발생하는 가속도이기 때문입니다.

습니다. 즉, 처음 속도 0에서 돌을 손에서 놓으면 1초 뒤에는 9.8m/s, 2초 뒤에는 19.6m/s, 3초 뒤에는 29.4m/s의 속도가 된다는 의미입니다. 아래 그림처럼 그래프로 나타내면 머릿속에서 그리기가 좀 더 수월합니다.

● 낙하 속도는 시간의 흐름에 따라 일정한 가속도로 증가한다

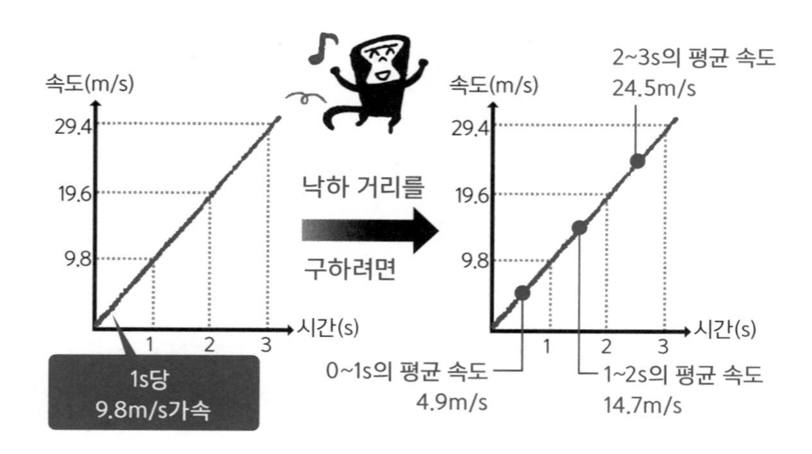

잠시 곰곰이 생각해보면 낙하 거리도 구할 수 있습니다. '평균 속도'를 이용하는 것이죠. 처음 1초간의 평균 속도는 4.9m/s이므로 그 1초 동안 4.9m만큼 낙하합니다. 다음 1초간(1~2초 구간)의 평균 속도는 14.7m/s, 그 다음 1초간(2~3초 구간)의 평균 속도는 24.5m/s…… 하는 식이므로, 이를테면 3초 동안 아래 식만큼 낙하한다고 계산할 수 있습니다.

$4.9+14.7+24.5=44.1(m)$

44.1m라면 십몇 층 건물 정도의 높이인데, 그 높이를 단 3초 만에 떨어지는 것이죠.

덧붙이자면, 갈릴레이가 피사의 사탑에서 무게가 다른 두 개의 공을

떨어뜨려 동시에 지면에 닿는다는 사실을 증명했다는 일화는 후세에 만들어진 것이라는 설도 있습니다. 그런데 만일 실제로 이 실험을 한다면 어떻게 될까요? 피사의 사탑은 높이가 약 55m이므로 앞서 설명한 방법대로 계산하면 대략 3.4초 만에 공이 떨어집니다. 겨우 3.4초 만에 끝나는 현상인데 무게가 다른 두 공의 낙하 속도가 살짝 다르다면 그것을 제대로 증명할 수 있었을까요? 또 착지하는 순간이 정확히 일치했다 해도 처음에 정말 동시에 공을 손에서 놓았다는 사실을 증명할 수 있었을지, 개인적으로는 다소 의문이 듭니다. 여러분의 생각은 어떤가요?

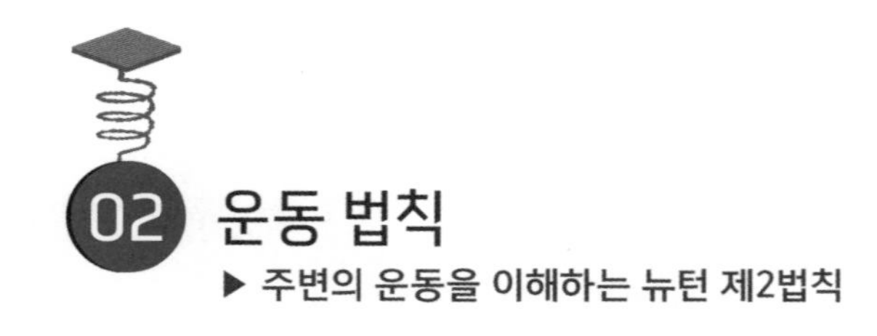

02 운동 법칙

▶ 주변의 운동을 이해하는 뉴턴 제2법칙

가속도의 법칙

물체에 힘이 작용하고 있을 때 힘과 같은 방향으로 가속도가 생긴다. 가속도의 크기 a, 물체의 질량 m, 작용하는 힘의 크기 F 사이에는 $ma=F$라는 관계가 성립한다. 이 공식을 '운동 방정식'이라 한다.

여행 가방 같은 바닥에 놓인 짐은 힘을 가해 잡아끄는 동안만 움직이며, 힘을 빼면 멈춥니다. 따라서 '힘을 가하는 동안만 물체는 움직인다'라고 생각하기 쉽지만 물리 법칙은 그렇지 않습니다.

앞서 '관성의 법칙'에서 설명했듯이 물체는 힘을 가하지 않아도 계속 움직일 수 있습니다. 그렇다면 힘의 역할은 대체 뭘까요? 사실 힘은 물체에 발생하는 가속도와 관계가 있습니다. 지금부터 자세히 살펴보도록 합시다.

공에 작용하는 힘에 대한 오해

이를테면 낙하하는 공과 상승하는 공을 상상해봅시다. 이 공에 작용하는 힘은 무엇일까요? 물론 지구상에서 일어나는 일이므로 두 공 모두 중력만 작용하고 있습니다. 또 공기 저항은 작으므로 무시할 수 있습니다.

여기서 '어? 상승하는 공에는 상승력이 있는 거 아닌가?'라고 생각하는 사람도 있을 겁니다. 하지만 힘이란 반드시 타자와 상호작용의 결과로 물체에 작용하는 것입니다. 따라서 '상승하고 있으니까 힘이 있다'라는 생각은 두 가지 점에서 오류가 있습니다.

[오류1] '상승하고 있으니까' : '물체가 움직이고 있기 때문에 물체에 작용하는 힘'이라는 건 존재하지 않습니다.

[오류2] '힘이 있다' : 힘은 '외부에서 물체에 작용하는 것'이지 '물체 자신이 지닌 것'이 아닙니다.

같은 이유로 하강하는 공에 '중력과는 별도의 하강력' 따위는 작용하지 않습니다.

그렇다면 중력이란 무엇일까요? 중력은 '지구가 물체를 끌어당기는 힘'입니다. 즉, 지구와 물체의 상호작용에 의해 물체에 작용하는 힘이죠.*

이밖에 공에 작용할 수 있는 힘이라면, 공을 손에 들고 있을 때 '손이 공을 누르는 힘', 방망이로 공을 치는 순간에 '방망이가 공을 밀어내는 힘' 등 공에 무언가가 접촉함으로써 작용하는 힘이 있습니다. 이번 설정에서는 공은 허공에 떠있으므로 중력만 작용하는 상태입니다.

---

* 지구가 물체를 끌어당기는 동시에 물체 역시 같은 크기의 힘으로 지구를 끌어당기고 있습니다. 이것이 작용·반작용의 법칙입니다.

● 상승하는 공과 낙하하는 공에 작용하는 힘

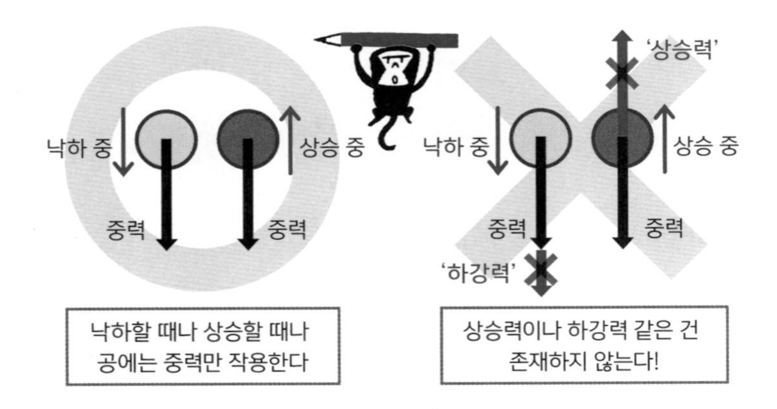

그렇다면 공은 어떻게 위로 움직이는 걸까요? 그건 공을 손에 들고 위로 힘을 가했기 때문입니다. 그렇게 초속(初速, 물체가 운동을 시작할 때의 처음 속도)을 얻은 공은 손에서 벗어나도(손으로부터 받는 힘이 사라져도) 위쪽으로 속도를 유지한 채 상승합니다. 이것이 관성의 법칙입니다.

공에 발생하는 가속도란?

지금까지 우리는 공중을 날아가는 공에는 상승할 때나 하강할 때나 '아래 방향의 중력만 작용한다'는 사실을 알았습니다. 다시 말해 '물체에 작용하는 힘의 방향'과 '물체의 운동 방향'에는 별 관련이 없습니다.

오히려 두 공 사이의 공통점은 '속도가 변화하는 정도', 즉 **가속도**입니다. 가속도란 '1초당 속도 변화량'이라는 의미로, 낙하하는 물체의 가속도는 '1초당 약 9.8m/s씩'* 이라고 측정된 바 있습니다. 하지만 이번에는

---

* 이를 9.8㎨으로 표기하고 '9.8미터 퍼 세크 제곱'이라고 읽습니다.

상승하는 공의 이야기도 있으니, 조금 더 자세히 살펴보겠습니다.

먼저 '아래 방향으로 가속도가 9.8m/s²'이란 무슨 의미인지, 공이 하강 중일 때와 상승 중일 때로 나누어 설명하도록 하겠습니다.

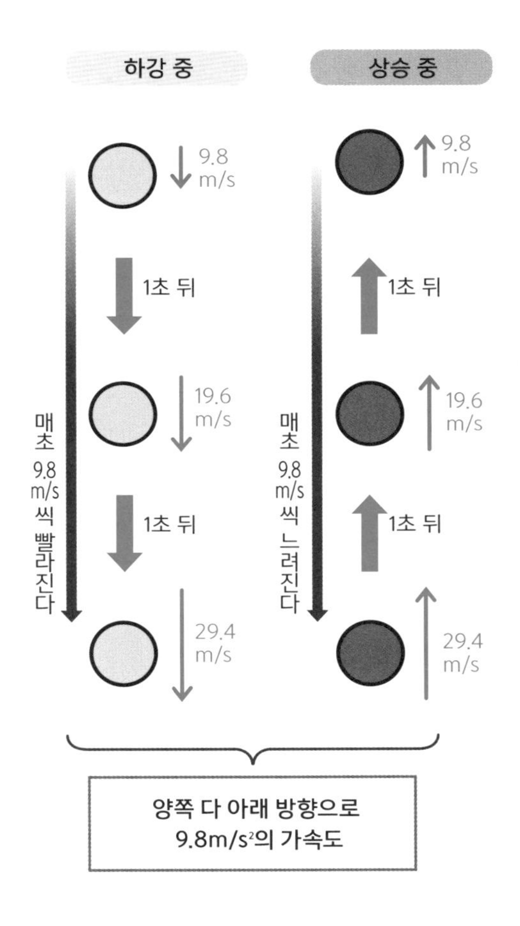

공이 하강하고 있는 경우에는 앞서 '낙하 법칙'에서 설명했듯이 하강 속도가 1초마다 9.8m/s씩 빨라집니다. 즉, 처음에 9.8m/s이었던 속도가 1초 뒤에 19.6m/s가 되고, 다시 1초 뒤에 29.4m/s가 되는 식으로 빨라지는 상황이 '가속도가 아래 방향으로 9.8m/s²'이라는 의미입니다.

공이 상승 중인 경우에는 '위 방향 운동을 플러스라고 한다면, 아래 방향은 마이너스'라고 생각합니다. 따라서 '가속도가 아래 방향으로 9.8m/s²'이란 '위 방향 속도가 1초당 9.8m/s씩 감소해간다'는 의미입니다. 구체적으로는 처음에는 위 방향으로 29.4m/s이었던 속도가 1초 뒤에는

19.6m/s, 2초 뒤에는 9.8m/s가 되는 식입니다.

지금까지 설명한 바와 같이 공은 상승할 때나 하강할 때나 가속도는 아래 방향으로 $9.8m/s^2$ 입니다. 공이 상승 중에는 매초 9.8m/s의 비율로 느려지고, 하강 중에는 매초 9.8m/s의 비율로 빨라지는 것이죠.

아래 방향의 가속도의 원인은 무엇일까?

공에 아래 방향의 가속도가 생기는 원인은 무엇일까요? 바로 '공에 작용하는 아래 방향의 힘(이 경우 중력)' 때문입니다. 구체적으로는 다음의 두 가지 일이 일어납니다.

- 상승하는 공을 아래로 잡아당기면 운동을 방해 받아 점점 느려진다.
- 하강하는 공을 아래로 잡아당기면 점점 빨라진다.

다시 한번 말하지만, 물체는 힘이 작용하는 방향으로 움직이는 것이 아니므로 상승하는 공을 아래로 잡아당긴다 해도 갑자기 아래로 떨어지지는 않습니다. '자동차는 갑자기 멈출 수 없다'는 표어에서 보듯이, 주행 중에 브레이크(주행 방향과 반대 방향)를 밟더라도 자동차의 움직임이 갑자기 반대 방향으로 바뀌지 않는 것과 마찬가지입니다.

다음은 물체에 가한 힘의 크기와 가속도의 크기는 어떤 관계인지 살펴봅시다. 이번에는 공이 아니라 잘 미끄러지는 반들반들한 바닥에 놓인 짐을 잡아끄는 상황을 가정해봅시다.

우선 가한 힘의 크기가 클수록 물체는 잘 움직입니다. 이를 측정해보면 '힘의 크기와 가속도의 크기는 비례'한다는 사실을 알 수 있습니다.

또 같은 크기의 힘을 가해도 무거운 물체가 가벼운 물체보다 덜 움직입니다. 이 또한 측정해보면 '물체의 질량과 가속도는 반비례'함을 알 수 있습니다.

● '가속도·질량'과 '힘'의 관계

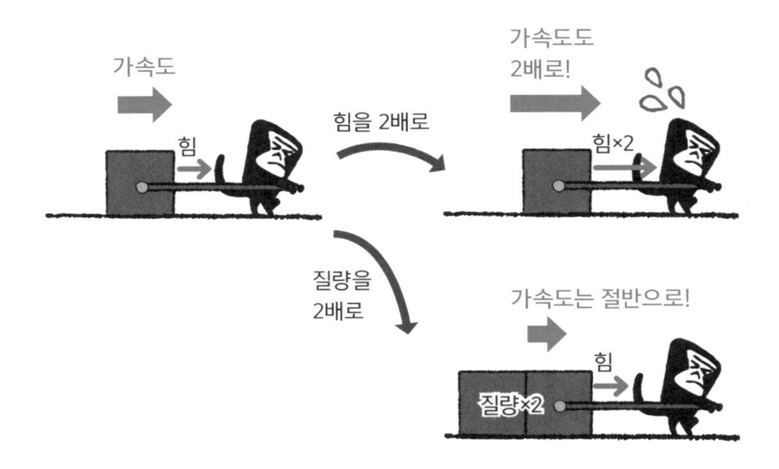

가속도의 법칙과 운동 방정식

지금까지의 내용을 정리해보면, 물체에 가한 힘 F, 물체에 발생하는 가속도의 크기 a, 물체의 질량 m에는 'a는 F에 비례', 'a는 m에 반비례'라는 관계가 성립합니다. 즉, 비례 상수를 k라고 하면,

$$a = k \cdot \frac{F}{m}$$

가 되는데, k가 1이 되도록 F의 단위를 정하면[그 단위가 'N(뉴턴)'입니다],

$$a = \frac{F}{m}$$

가 됩니다. F를 2배로 하면 a는 1/2배가 된다(반비례)는 것을 나타내는

공식이죠. 이것이 물체에 가한 힘과 가속도의 관계를 나타내는 '**가속도의 법칙**'입니다. 분수의 형태로는 외우기 힘들기 때문에 대개는 양변에 m을 곱해,

$$ma = F$$

라는 형태로 외웁니다. 이 공식을 '**운동 방정식**'이라고 합니다. 운동 방정식이 있으면 물체에 힘(F)을 가했을 때 발생하는 가속도(a)를 계산할 수 있습니다.

가속도를 알면 다음과 같은 계산도 가능합니다('낙하 법칙'에서는 그래프를 이용해 답을 구했습니다).

- 어느 시간 내에 속도가 얼마나 빨라질까?
- 거리를 얼마나 이동할까?

그래서 어떤 의미에서 이 운동 법칙은 물체의 운동을 글로 표현한 근원적 법칙이라 할 수 있습니다.

현재 '뉴턴 역학'으로 널리 쓰이는 체계는 다음의 세 가지 법칙으로 이뤄져 있습니다.

- 제1법칙 '관성의 법칙(PART 1-05)'
- 제2법칙 '가속도의 법칙(PART 2-02)'
- 제3법칙 '작용·반작용의 법칙(PART 2-03)'

기본적으로는 이 세 가지 법칙을 통해 다양한 물체의 운동이 해명되었습니다. 이 법칙으로 증명할 수 없는 것은 원자 크기의 미시 세계나 물체의 속도가 빛의 속도에 가까운 경우 등 상당히 극단적인 경우뿐입니다(PART 6에서 다시 다룹니다).

또 첫머리에서 등장한 여행 가방에 대한 보충 설명을 하자면, 가방에 계속 힘을 가하지 않으면 왜 멈출까요? 이는 '마찰력' 때문입니다. 관성의 법칙에 따라 한번 움직이기 시작한 여행 가방은 계속 움직여야 하지만, 마찰력으로 마이너스 가속도가 발생하는 탓에(이것이 가속도의 법칙입니다) 속도가 감소하다가 결국 0이 되는 것이죠. 이처럼 우리 주변의 운동은 반드시 뉴턴의 운동 법칙으로 이해할 수 있습니다.

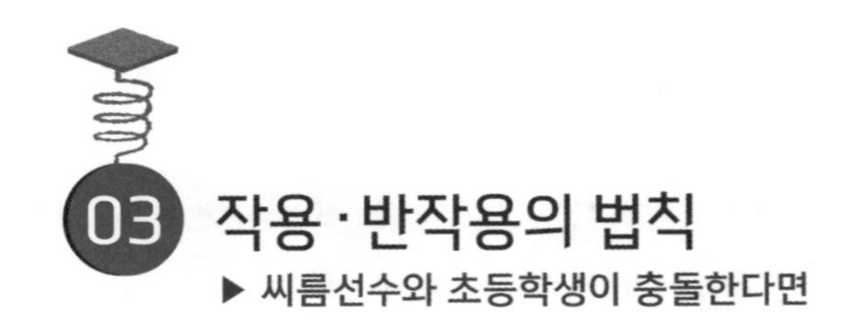

03 작용·반작용의 법칙

▶ 씨름선수와 초등학생이 충돌한다면

작용·반작용의 법칙

두 물체 사이에 힘이 상호작용할 때, 한쪽이 받는 힘과 다른 쪽이 받는 힘은 같은 크기·반대 방향이다.

벽을 손으로 강하게 누르는 장면을 상상해봅시다. 한때 유행한 박력 있게 벽을 쾅 치는 상황을 떠올려봅시다. 당연히 벽은 손에 밀려 기우뚱 흔들리지만 반대로 손은 벽에 되밀려 통증을 느낍니다. 또는 야구방망이로 공을 치는 순간을 상상해보세요. 공은 당연히 방망이의 강한 힘에 밀려납니다(그래서 날아가죠). 그러나 반대로 방망이는 공에 되밀리는 상황입니다(그래서 방망이가 부러지곤 합니다). 이처럼 주변에서 일어나는 현상을 관찰해보면, 힘이란 '일방적으로 상대에게 작용하는 것'이 아니라 '상대에게 힘을 가하면 반드시 자신에게도 힘이 되돌아오는 것'으로 추측할 수 있습니다.

작용 · 반작용의 법칙

● 작용·반작용의 법칙은 '같은 크기·반대 방향'이라고 기억하자

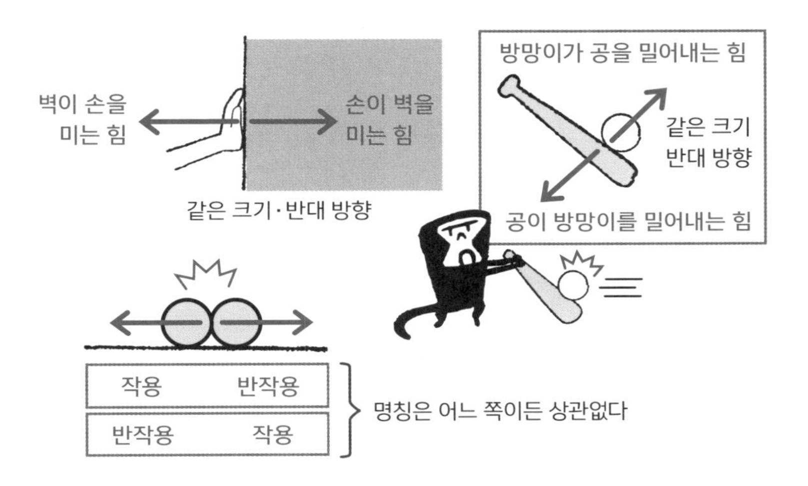

이는 명확하게 물리 법칙으로서 성립합니다. 벽과 손의 경우, '손이 벽을 미는 힘'과 '벽이 손을 미는 힘'은 **크기는 같고 방향은 반대**입니다. 마찬가지로 방망이와 공은 '방망이가 공을 밀어내는 힘'과 '공이 방망이를 밀어내는 힘'이 같은 크기에 반대 방향으로 작용합니다.

보통 두 개의 힘 중 한쪽을 '작용'이라 하고 다른 한쪽을 '반작용'이라고 하므로, 이 작용과 반작용이 같은 크기에 반대 방향이 되는 법칙을 **'작용 · 반작용의 법칙'**이라 합니다.

왠지 사람의 의사가 담긴 쪽(손이 벽을 미는 힘 따위)을 작용이라고 해야 할 듯싶지만, 어느 쪽을 작용이라고 해야 하는지에 대해서 딱히 정해진 규칙은 없습니다. 그도 그럴 것이 이를테면 '굴러온 공 두 개가 정면충돌을 한 경우'처럼 어느 쪽에서 먼저 충돌한 것인지 파악하기 힘든 경우도 많기 때문입니다. 물론 이런 경우에도 양쪽에 작용하는 힘은 같은 크기에 반대 방향입니다.

씨름선수와 초등학생이 충돌한다면

● 초등학생이 씨름선수에게 부딪히면 튕겨나가지 않을까?

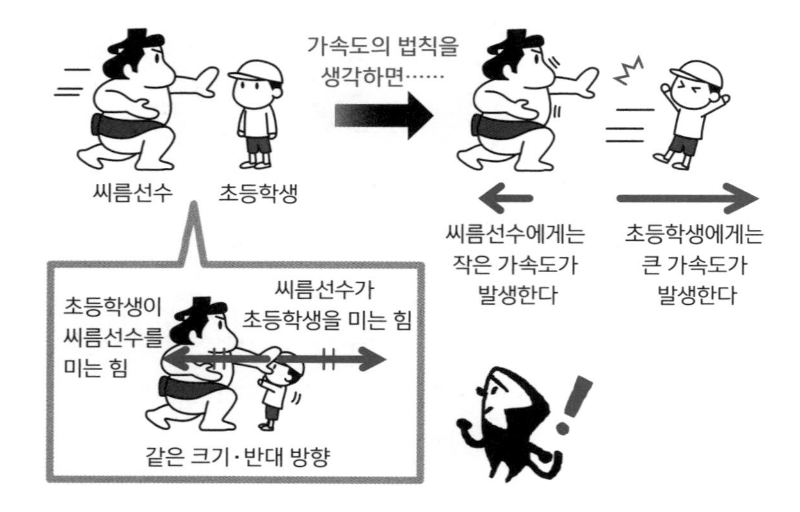

우두커니 서있는 열 살짜리 초등학생에게 덩치 큰 씨름선수가 부딪친다면 초등학생은 멀리 튕겨나가고 씨름선수는 꿈쩍도 하지 않을 거라는 상상은 충분히 이해갑니다. 이 경우에도 '씨름선수가 초등학생을 미는 힘'과 '초등학생이 씨름선수를 미는 힘'은 크기가 같고 방향이 반대라고 할 수 있을까요?

이 문제를 생각할 때 도움이 되는 것이 앞서 설명한 '가속도의 법칙'입니다. 같은 크기의 힘을 가해도 질량이 2배라면 발생하는 가속도는 절반이 된다(질량과 가속도는 반비례한다)고 설명한 바 있습니다. 씨름선수와 초등학생의 체중이 4배 정도 차이가 난다고 하면, 씨름선수에게는 초등학생의 4분의 1정도만 가속도가 발생합니다. 따라서 초등학생이 튕겨나갈 정도의 가속도가 발생하더라도 씨름선수의 가속도는 훨씬 작아서 돌진은 멈추지 않겠죠.

마찬가지로 우주로 날아가는 로켓의 원리 역시 이 작용·반작용의 법칙으로 성립합니다. 로켓 엔진에서 뿜어대는 불은 화학반응으로 발생하는 에너지를 이용해 기체를 고속으로 분출*시킵니다. 이때 기체 분자는 로켓에서 분출되는 방향으로 힘을 받으며, 그 반작용으로 로켓은 반대 방향으로 힘을 받습니다. 그 다음은 가속도의 법칙에 따라 가속도가 발생하므로 로켓의 이동 속도가 점점 빨라져 우주에까지 도달할 수 있습니다.

이처럼 우리 가까운 곳에서부터 저 멀리 우주까지 동일한 법칙이 폭넓게 성립하고 있다는 점이 물리의 묘미입니다.

---

* 이 방법으로 커다란 로켓을 지상에서 우주까지 쏘아 올리기 위해서는 어마어마한 양의 연료가 필요합니다. 그런 까닭에 로켓 질량의 80~90% 이상을 연료가 차지하고 있습니다.

04 역학적 에너지 보존 법칙

▶ 운동 에너지+퍼텐셜 에너지가 일정하게 유지되는 경우

역학적 에너지 보존 법칙

마찰력과 공기 저항이 없는 환경에서
역학적 에너지(운동 에너지+퍼텐셜 에너지의 합)는
일정한 값을 유지한다.

'에너지'라는 단어는 일상에서 흔히 사용됩니다. "그 사람은 늘 에너지가 넘쳐", "이 파워 스폿(power spot : 지구 곳곳에 존재하는 특별한 장소)에선 엄청난 에너지가 느껴져", "긍정적인 말에는 좋은 에너지가 있어" 등등 말이지요. 앞서 열거한 예는 물리에서 다루는 에너지와는 전부 다른 의미로 쓰이고 있지만 '그 사람, 장소, 말이 지니는 엄청난 힘'이라는 공통된 이미지가 있습니다.

운동 에너지란 '운동하는 물체의 기세'

그렇다면 물리의 세계에서 사용하는 **'에너지'**란 무엇일까요? 의외로 심오한 말이지만 가장 기초적이고 이해하기 쉬운 **'운동 에너지'**부터 시작해봅시다. 이 운동 에너지는 일상에서 사용하는 에너지의 개념과 흡사하며, '운동하는 물체의 기세·위력'이라는 뜻을 지니고 있습니다.

● 운동 에너지의 공식

물체의 질량을 m[kg], 속도를 v[m/s]라고 하면,

$$\text{운동 에너지} = \frac{1}{2}mv^2 \text{ [J]}$$

이렇게 나타낼 수 있다. 실제로 수치를 대입해보면 아래와 같다.

	질량 m[kg]	속도 v[m/s]	운동 에너지 [J]
①	2	1	1
②	2	2	4
③	4	1	2
④	4	2	8

①과 ②, ③과 ④의 비교 : 속도가 2배 → 운동 에너지는 4배
①과 ③, ②와 ④의 비교 : 질량이 2배 → 운동 에너지는 2배

수식을 이용한 정의는 위와 같습니다. 또 단위 J는 '줄'이라고 읽습니다.

수식을 봐도 감이 오지 않는 사람은 숫자를 넣어보세요. 질량이나 속도가 크면 운동 에너지가 커진다는 사실을 알 수 있습니다. 이를테면 ①과 ②를 비교해보면 같은 질량이라도 속도가 2배가 되면 운동 에너지는 4배가 됩니다. ②와 ④를 비교해보면 같은 속도라도 질량이 2배면 운동 에너지는 2배가 됩니다.

좀 더 실제적인 사례를 들어볼까요. 이를테면 야구 경기장에서 홈 베이스로 질주하는 선수를 떠올려봅시다. 선수의 달리기 속도가 2배가 되면 그 선수가 가진 운동 에너지는 4배가 됩니다. 또는 몸무게가 2배 더

나가는 선수가 같은 속도로 달린다면 운동 에너지는 2배 차이가 나죠.

씨름 경기에서 몸집이 거대한 선수들이 있는 힘껏 몸을 부딪치며 진검 승부를 벌이는 순간은 그야말로 에너지와 에너지의 충돌입니다. 그 '기세(질량·속도)'를 "와, 대단해!"라는 말이 아닌 수치로 나타낸 것이 운동 에너지입니다.

운동 에너지를 증가시키려면

공이 높은 곳에서 떨어지면 공의 속도는 빨라집니다. 따라서 공의 운동 에너지는 낙하하는 동안 증가합니다. 이는 중력이 공을 끌어당기기 때문입니다. 마찬가지로 바닥에 놓인 여행 가방을 잡아끌면 정지해 있던 가방이 움직이기 시작합니다(즉, 운동 에너지가 증가합니다). 이처럼 물체에 힘을 가해 당기면 물체는 빨라집니다. 즉, 운동 에너지가 증가하죠. '가속도의 법칙'을 생각해보면 당연한 현상입니다.

사실 엄밀히 말하면 '**일**'이라는 개념이 존재합니다. 이는 일상생활에서 말하는 '일'과는 조금 다른 개념으로, 옆 페이지의 그림처럼 정의되는 값입니다. 일의 단위는 운동 에너지와 마찬가지로 J입니다.

이를테면 물체에 3N의 힘을 가하면서 힘의 방향으로 2m 끌어당기면 물체에는 6J의 일을 한 셈입니다. 그리고 이 '일'이 운동 에너지를 증가시키는 작용을 합니다. 즉,

물체에 가한 일=물체의 운동 에너지의 변화량

이라는 관계가 성립합니다. 가령 원래 2J의 운동 에너지를 가진 물체에 6J의 일을 하면 물체의 운동 에너지는 8J이 됩니다. 또 운동 에너지의 값이 4배가 됐으므로 속도는 2배가 되리라 예상할 수 있습니다.

● 일이란 무엇인가?

물체에 가한 일(J) = 힘(N) × 물체의 이동 거리(m)

※단, 힘과 이동 방향이 반대 방향인 경우에는 마이너스를 붙인다.

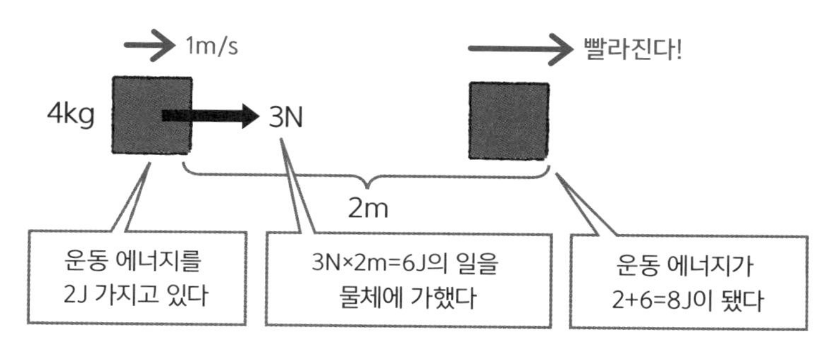

저장된 운동 에너지

자, 그럼 이제까지 배운 지식으로 높은 곳에 놓인 물체를 바라봅시다. 지금은 그냥 놓여있을 뿐이므로 운동 에너지는 0입니다. 하지만 이 물체가 바닥으로 떨어지면 중력이 일을 하므로 운동 에너지가 발생합니다.

즉, '높은 곳에 있다'는 것은 그것만으로도 '바닥으로 떨어질 때 (중력이 일을 하므로) 운동 에너지를 가질 수 있다'라고 약속한 셈입니다. 이른바 '운동 에너지가 저장된' 상황이죠.

이 '저장된 운동 에너지'가 **'퍼텐셜 에너지(potential energy, 위치 에너지)'**입니다. 정확히는 '중력에 의한 퍼텐셜 에너지'라고 합니다. 그 의미는 물론 '기준면의 높이(여기서는 바닥의 위치)로 떨어질 때 중력이 하는 일의 크기'입니다.

운동 에너지를 '현금', 퍼텐셜 에너지를 '저금'에 비유해봅시다. 그러면 높은 곳에서 바닥까지 물체가 떨어진다는 것은 '높은 곳에서 가지고 있던 저금을 차츰 현금으로 바꿔가다가 결국 전부 현금으로 바꾸는' 상황에 해당합니다. 반대로 낮은 곳에서 높은 곳으로 물체가 올라가는 현상은 '현금을 저금으로 바꿔가는' 상황에 해당합니다.

여기서 '현금+저금'을 '총자산'이라고 보면, 물체가 떨어지거나 올라가는 현상에서 총자산은 변동하지 않음을 알 수 있습니다. 이 총자산을 '역학적 에너지'라고 부르기로 합시다.

역학적 에너지=운동 에너지+퍼텐셜 에너지

그러면 물체가 떨어지거나 올라갈 때에 역학적 에너지는 변하지 않는다고 표현할 수 있습니다. '값이 변하지 않는다'를 물리에서는 '보존하다'라고 하므로, 이를 **'역학적 에너지 보존 법칙'**이라고 합니다. 일반적으로 마찰력과 공기 저항이 작용하지 않는 환경에서는 역학적 에너지가 보존됩니다.

● 퍼텐셜 에너지와 운동 에너지의 관계

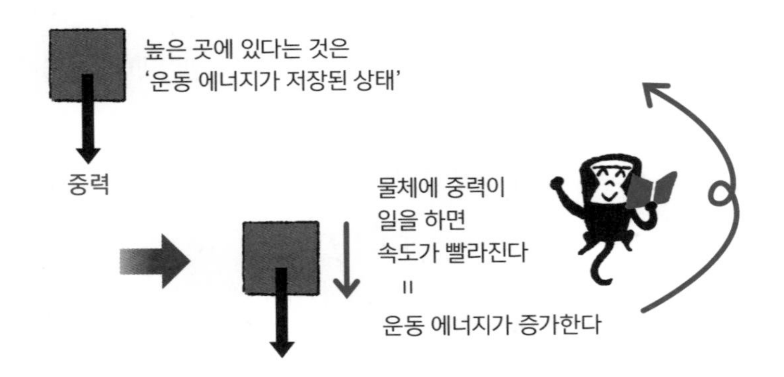

폭 넓게 적용되는 '에너지 보존 법칙'

역학적 에너지는 보존된다고 했는데, 마찰력과 공기 저항이 있는 경우에는 역학적 에너지가 점점 감소합니다. 이를테면 미끄럼틀을 타고 내려올 때 엉덩이에 마찰력이 작용합니다. 때문에 높은 곳에 있을 때 가지고 있던 퍼텐셜 에너지(저금)를 마찰력으로 거의 다 잃어 지면에 도달했을 때는 운동 에너지(현금)가 조금밖에 남아있지 않습니다. 그렇지 않으면 미끄럼틀 아래에 도달했을 때 너무 강한 기세(운동 에너지)에 다치기 십상이죠. 이처럼 '역학적 에너지 보존 법칙'은 항상 성립하지는 않습니다.

그렇다면 감소한 역학적 에너지는 어디로 사라진 걸까요? 실은 역학적 에너지가 아닌 다른 에너지로 바뀝니다. 미끄럼틀에서 감소한 역학적 에너지는 '미끄럼틀과 엉덩이의 열에너지'* 로 전환된 상태죠.

이처럼 에너지는 열, 빛, 물질의 결합 따위의 형태로 끊임없이 변해가며, 어디론가 사라지는 일은 없습니다. 이를 **'에너지 보존 법칙'**이라고 하며, 이 법칙은 언제 어디서나 성립합니다.

---

* 미끄럼틀이나 엉덩이를 구성하고 있는 원자는 온도에 따른 격렬한 진동을 합니다(열운동, PART 1−06). 열운동의 운동 에너지를 '열에너지'라고 합니다.

05 각운동량 보존 법칙

▶ 피겨스케이트 선수가 이용하는 물리 법칙

각운동량 보존 법칙

물체에 모멘트를 가하지 않는 한, 물체의 각운동량은 보존된다.

피겨스케이트 경기에서 프로그램이 후반부에 접어들면 선수가 팔을 크게 벌리고 천천히 스핀을 시작합니다. 그리고 펼쳤던 팔을 몸 쪽으로 오므리면 스핀의 회전수가 점점 올라가다가 마침내 엄청난 속도로 빙글빙글 돕니다.

이처럼 팔을 벌리면 천천히 회전하고 오므리면 고속으로 회전한다는 것은 누구나 쉽게 확인할 수 있습니다. 이 속도는 대체 어디에서 발생하는 걸까요?

회전 반지름이 작아지면 빨라진다?

사실 이 비밀은 펼친 팔을 움츠리는 동작에 있는데, 먼저 상황을 간략화해서 생각해봅시다. 옆 페이지의 가운데 그림처럼 줄의 한쪽 끝을 잡고 빙빙 돌리는 장면을 상상해봅시다. 오른손으로 줄을 돌리면서 왼손으로 줄을 당겨 짧게 하면 회전이 빨라집니다. 또는 가운데 구멍 뚫린 동전에 동여맨 실을 오른손에 쥐고 흔들어봅시다. 동전이 흔들리고 있을 때 왼손으로 실을 잡아당겨 짧게 하면 흔들리는 속도가 빨라집니다.

● **피겨스케이트 선수가 스핀에서 고속 회전이 가능한 이유**

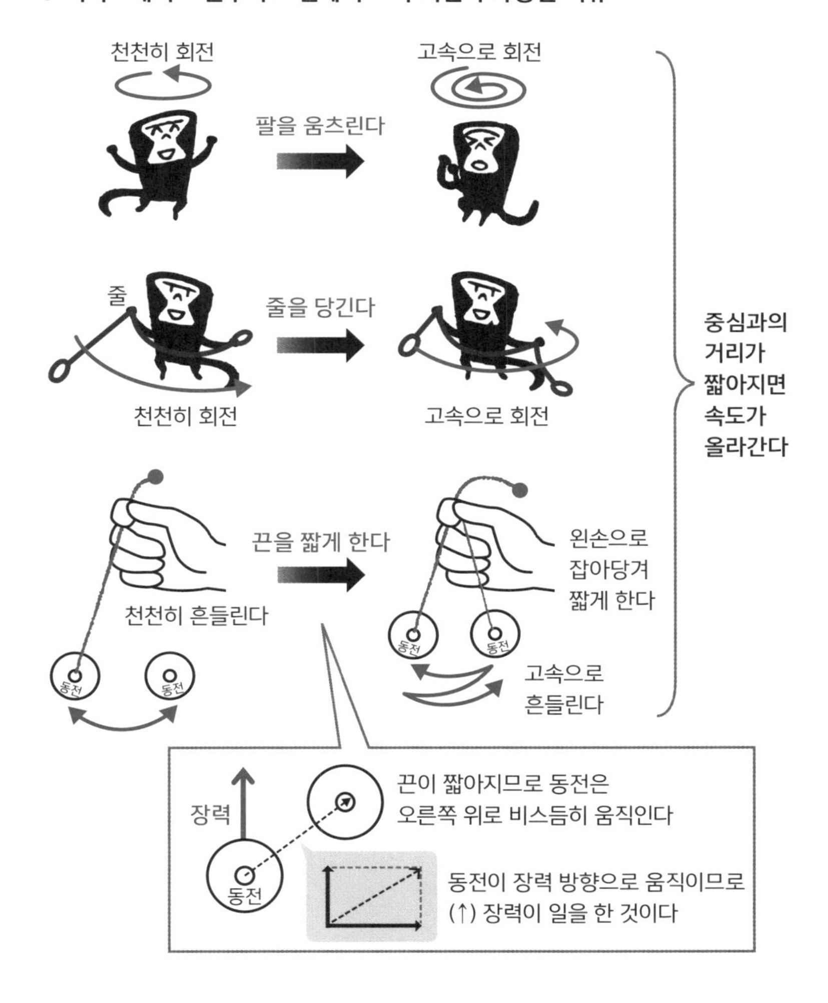

이 사례를 통해 우리는 '어떤 점을 중심으로 운동하는 물체는 중심과의 거리(줄이나 실의 길이)가 짧아지면 속도가 빨라지는 듯하다'라고 추측할 수 있습니다. 첫머리에서 등장한 피겨스케이트 선수의 사례에서는 '크게 벌린 팔을 움츠리는 것'이 '중심과의 거리를 좁히는 것'에 해당하므로, 그 행위로 회전 속도가 올라간다고 유추할 수 있죠.

왜 이런 일이 일어날까요? '역학적 에너지 보존 법칙'에서 잠깐 설명했듯이, 물체의 속도를 올리기(운동 에너지를 증가시키기) 위해서는 '일'을 해야 합니다. 일이란 '물체에 힘을 가해 힘의 방향으로 끌어당기는 것'이었습니다. 여기서 동전의 예를 그림으로 풀어보면, 동전에는 실의 힘(장력)이 작용하고 있습니다. 또 끈이 짧아지면 동전은 살짝 장력 방향으로 움직이므로 동전에 일을 한 셈이 되어 운동 에너지가 증가합니다.

각운동량을 도입하면 편리

● 회전 방향으로 힘이 작용하는 경우와 그렇지 않은 경우

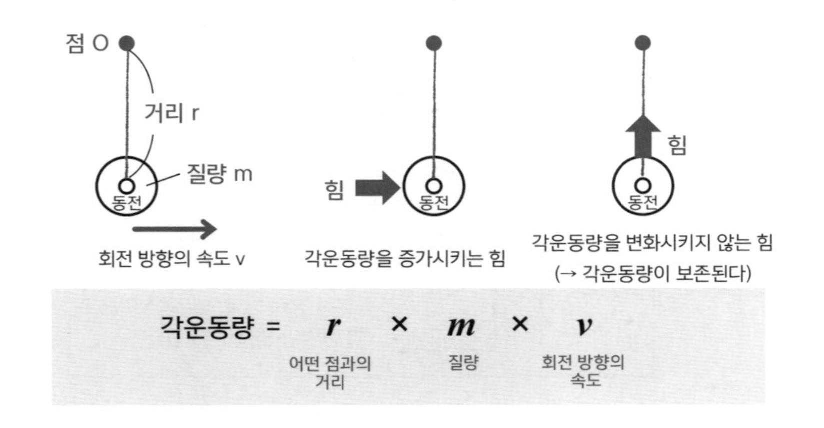

하지만 매번 이런 식으로 생각하자니 다소 번거롭습니다. 그래서 좀 더 편리한 방식이 개발됐는데, 바로 '각운동량'이라는 개념입니다. '어느 점 O 주위의 각운동량'은 옆 페이지의 그림과 같이 정의할 수 있습니다.

그리고 각운동량을 증감시키기 위해서는 회전 방향에 힘을 가하면 된다는 사실도 '운동 방정식'을 적용해 증명할 수 있습니다. 또 각운동량의 공식에서 알 수 있듯이 '점 O와의 거리'가 클수록(멀수록) 각운동량은 커집니다.

이는 반대로 가장 오른쪽 그림처럼 '회전 방향을 향하지 않는 힘'만 작용하는 경우에는 각운동량의 값이 변하지 않습니다. 값이 변하지 않는 것을 물리에서는 '보존되다'라고 하므로, 다시 말해 '회전 방향을 향하지 않는 힘만 작용하는 경우에는 각운동량은 보존된다'라고 할 수 있습니다. 이것이 '각운동량 보존 법칙'* 의 내용입니다.

덧붙이자면 '점 O와의 거리×회전 방향의 힘'을 '점 O 주위의 힘의 모멘트'라고 합니다. 곰곰이 생각해보면 이는 '지레의 원리'에서도 등장합니다. 이 원리는 '받침점 주위의 모멘트가 평형을 이루고 있다'라고 바꿔 말할 수 있습니다.

다시 동전으로 되돌아가봅시다. 동전에 작용하는 힘(장력)은 회전 중심을 향하고 있으며 회전 방향(회전 중심과 직각인 방향)을 향하고 있지는 않습니다. 이는 각운동량 보존 법칙이 성립하는 조건이 됩니다. 따라서 끈을 잡아당겨 길이를 짧게 하면 '각운동량=거리×질량×회전 속도'에서 '거리'가 짧아진 만큼 '회전 속도'가 올라간다는 결론에 이릅니다(질량은

---

* '회전 방향을 향하지 않는 힘'이란 달리 말하면 회전 중심 방향의 힘이며, 이를 '중심력'이라 합니다. 즉, 각운동량이 보존되는 것은 중심력만 작용하는 경우입니다.

변화가 없으므로). 이를테면 끈의 길이를 절반으로 하면 회전 속도는 2배가 됩니다.

피겨스케이트 선수의 스핀도 마찬가지입니다. 펼친 팔에 작용하는 힘은 끈의 장력과 마찬가지로 '몸 쪽으로 당기는 힘'뿐입니다. 즉, 회전 방향을 향한 힘은 작용하지 않습니다. 따라서 각운동량 보존 법칙이 성립하므로 팔을 모으면 회전 속도가 올라가는 것이죠.

필자가 아는 피겨스케이트 선수에게 들은 바에 따르면 "평소 물리 법칙을 실감할 일이 별로 없지만 각운동량 보존 법칙만큼은 스핀을 돌 때 엄청나게 실감한다"라고 합니다. 피겨스케이트 선수도 느끼는 각운동량 보존 법칙, 다음에는 관객 입장에서 이를 실감하며 연기를 감상해보면 어떨까요?

곳곳에 존재하는 각운동량 보존 법칙

각운동량 보존 법칙은 여기저기에서 많이 발견할 수 있습니다. 동전의 예처럼 '한 점을 향하는 힘'이 작용하는 경우에는 각운동량이 보존되는데, 대표적인 자연 현상으로 '토네이도'가 있습니다.

토네이도의 공기는 어마어마한 속도로 회전하는데, 처음에는 큰 저기압을 따라 천천히 회전합니다. 저기압은 '주위보다 기압이 낮은 곳'이라는 의미로, 마치 청소기처럼 주위의 공기를 빨아들입니다. 공기가 저기압 쪽으로 빨려 들어가면 회전 지름이 점점 작아집니다. 이 과정에서 공기가 받는 힘은 대부분 '저기압으로 향하는 힘'뿐이기 때문에 각운동량이 보존됩니다.

토네이도는 대개 5~40km 정도의 넓이로 천천히 회전하던 공기가 최종적으로는 100~500m까지 작아지는 현상입니다. 회전 지름이 수십 분의 1로 작아지죠. 따라서 회전 속도는 수십 배가 됩니다. 가령 처음의 회전 속도가 1m/s 정도(얼굴에 바람을 느낄락 말락 하는 수준)라 해도 마침내 수십 m/s(왕바람 수준)로 거세집니다. 실제로는 다양한 조건들이 뒤얽혀 토네이도의 풍속은 더 강해지기도 하고 더 약해지기도 합니다.

또 물을 채운 욕조의 마개를 빼내면 물이 빙글빙글 돌면서 배수구로 빨려 들어가는 현상도 마찬가지입니다. 마개를 빼냈을 때 물의 회전 속도는 얼마 안 되지만 배수구로 빨려 들어가는 과정에서 회전 지름이 작아지므로 회전 속도가 올라가 육안으로 소용돌이를 관찰할 수 있습니다.

이처럼 '일정한 점을 향하는 힘만 작용하는 운동'에서는 각운동량이 보존됩니다. 주의 깊게 관찰해보면 무심코 지나치던 일상생활에서도 물리의 존재를 느낄 수 있습니다.

● 저기압에서 발생한 토네이도는 회전 속도가 올라간다

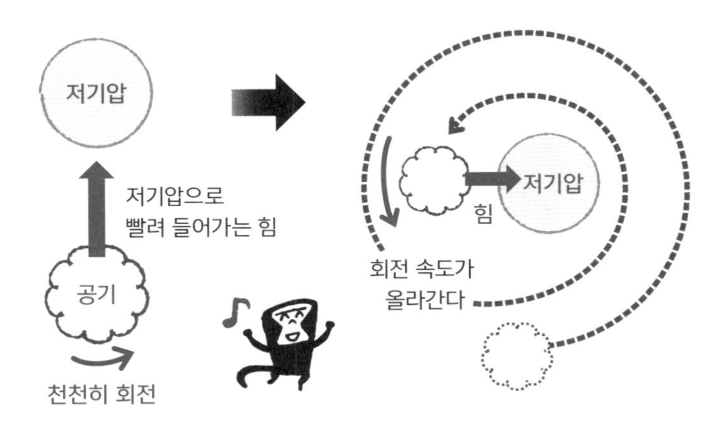

06 케플러 법칙

▶ 대량의 자료를 통해 과학적 천체 지도를 그려내다

케플러 법칙

태양 주위를 도는 행성은 다음과 같은 특징이 있다.

(1) 행성은 태양을 하나의 초점으로 하는 타원 궤도를 돌고 있다.

(2) 행성과 태양을 연결하는 선분이 일정 시간 동안 휩쓸고 지나가는 면적은 일정하다.

(3) 행성의 공전 주기의 제곱과 공전 궤도 긴반지름의 세제곱의 비율은 어느 행성이든 같은 값이다.

태양은 매일 동쪽에서 뜨고 서쪽으로 지는데, 이는 다른 별들도 마찬가지입니다. 그래서 옛날 사람들이 태양과 행성, 그 밖의 별들이 지구 주위를 돌고 있다고 생각한 것은 전혀 이상한 일이 아니었습니다. 이것이 '천동설'입니다.

하지만 지금 우리는 '태양이 중심이고 지구와 다른 행성들은 그 주위를 돌고 있다'고 인식합니다. 이것이 '지동설'입니다. 이처럼 인류가 가진 지식이 변화한 이유는 뭘까요? 아주 간략하게 역사를 거슬러 올라가봅시다.

의외로 복잡한 천동설

● 천동설의 발전

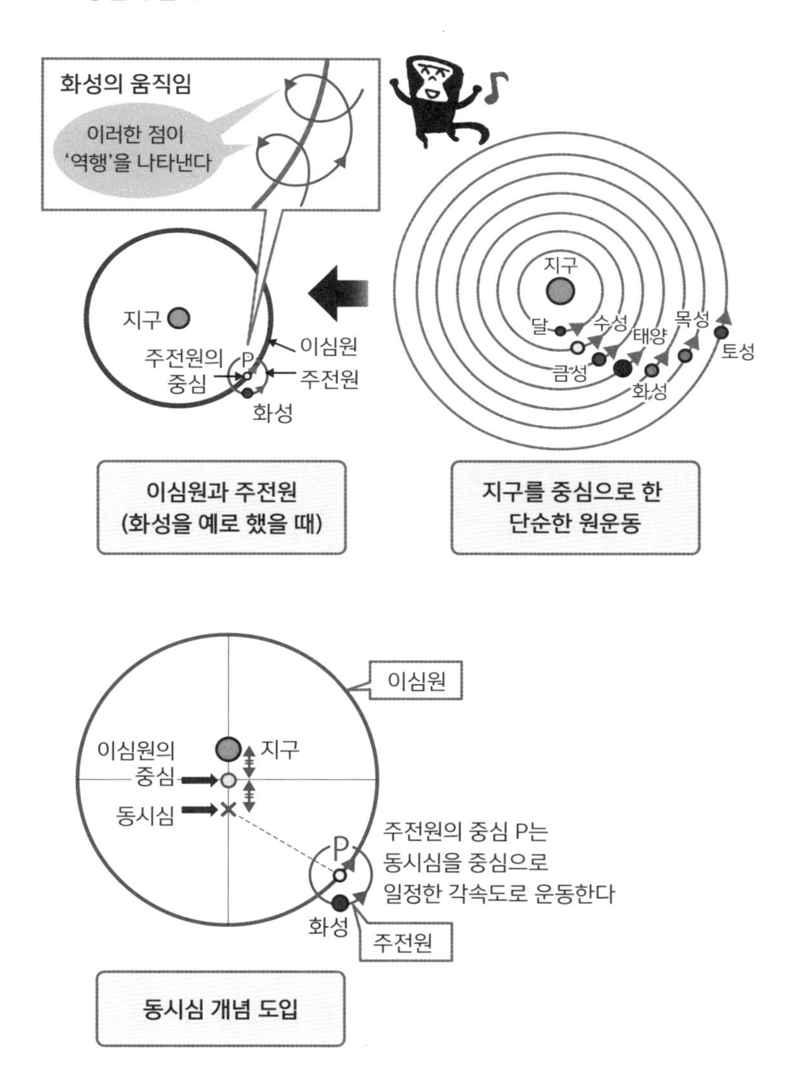

천동설은 기원전 2세기 고대 그리스 시대에 고안된 이론입니다. 하지만 지구를 중심으로 태양과 행성이 일정한 속도로 원운동을 하고 있다(등속 원운동이라고 합니다)는 식으로 단순하게 생각한 것은 아닙니다. 당시에 이미 행성(수성·금성·화성·목성·토성)은 하늘 위를 일정한 속도로 이동하지 않고 일시적으로 역행한다는 사실도 알고 있었기 때문입니다. 그러한 움직임을 재현하기 위해서는 단순한 등속 원운동으로는 불가능하므로 원운동에 또 하나의 원운동을 겹칠 필요가 있었습니다. 앞 페이지의 그림에서 보듯이 '지구를 중심으로 등속 원운동을 하는 점 P'를 중심으로 한 작은 반지름의 원 위를 행성이 등속 원운동을 한다고 생각한 것이죠. 행성이 원운동을 하는 작은 원을 **'주전원'**, 주전원의 중심(점 P) 궤도를 **'이심원'**이라고 합니다.

그러나 이것으로도 관측 자료와 다소 오차가 생기므로 고대 로마의 학자 프톨레마이오스는 '이심원의 중심은 지구와 조금 어긋나있다'고 생각했습니다. 그뿐 아니라 '이심원의 중심을 사이에 두고 지구와 대칭에 위치한 점을 동시심이라고 하며, 주전원의 중심은 동시심을 중심으로 일정한 각속도로 돌고 있다(매초 같은 각도만큼 돌고 있다)'고 생각했습니다. 이때 주전원의 중심 속도는 일정하지 않습니다. 글로 써도 난해하지만 그림으로 그려도 난해하기는 마찬가지입니다. 여하튼 여기서는 '지구를 중심에 두고 원 궤도를 복잡하게 겹침으로써 행성의 운동을 재현하려 했다' 정도로 이해하면 충분합니다.

사실 관측 자료의 작은 오차를 메우기 위해 '주전원 주위를 도는 주전원' 같은 개념을 사용한 것이어서 현대인에게는 이 복잡한 걸 그 옛날에 용케도 구상해냈다는 생각이 들 뿐입니다. 하지만 당시에는 '우리가 살고 있는 이 땅이야말로 세상의 중심, 움직이지 않는 땅'이라는 인식이 있었고, 도저히 닿을 수 없는 저 높은 하늘의 별들이 '원'이라는 일그러지지 않은 아름다운 도형을 따라 움직이고 있으리라 생각하는 것이 자연스러웠는지도 모릅니다.

코페르니쿠스의 지동설

여러 가지 문제가 남았지만 행성의 움직임을 충분히 정밀하게 설명할 수 있는 다른 이론이 없었기에 프톨레마이오스의 천동설은 16세기 무렵까지 사용되었습니다. 그리고 16세기에 폴란드의 천문학자 코페르니쿠스(Nicolaus Copernicus, 1473~1543)가 발표한 것이 '지동설'입니다. 지동설은 지구와 그 밖의 행성이 태양 주위를 돌고 있다는 이론입니다.

이번에도 단순히 '태양을 중심으로 한 원 궤도를 행성이 돌고 있다'고 생각하면 관측 자료와 어긋나기 때문에 역시 '태양에서 어긋난 점을 중심으로 한 원과 그 원 위를 도는 주전원'이라는 모델이 필요했습니다. 여전히 복잡하기는 하지만 프톨레마이오스의 이론만큼 정밀하게 행성의 움직임을 예측할 수 있는데다 프톨레마이오스 체계 특유의 몇 가지 문제가 해결되었다는 점에서 상당히 획기적이었습니다. 특히 '동시심'이 사라짐으로써 등속 원운동의 조합으로 행성의 운동을 표현할 수 있다는 점은 당시 우주관(또는 자연에 대한 미적 감각)과 잘 맞아떨어졌습니다.

튀코 브라헤 그리고 케플러

코페르니쿠스 이후로 등장하는 인물이 덴마크의 천문학자 튀코 브라헤(Tycho Brahe, 1546~1601)입니다. 아직 망원경이 발명되지 않은 시대였지만 브라헤는 육안으로 천체를 관측하며 정밀하고도 방대한 자료를 남겼습니다. 그는 젊은 시절에 결투를 벌이다 그만 코가 잘려나가 가짜 코를 붙이고 다녔는데, 관측 장치를 들여다볼 때마다 그 가짜 코를 떼고 정확히 같은 위치에 눈을 고정시킬 수 있었다고 합니다. 이러한 점도 관측 자료의 정밀함에 한몫했을 터입니다.

그리고 뒤이어 그 자료를 해석한 사람이 독일의 천문학자 요하네스 케플러(Johannes Kepler, 1571~1630)입니다. 브라헤의 만년에 공동 연구자(조수라는 설도 있습니다)로 초빙된 케플러는 브라헤의 사후에 화성 자료를 이용해 지구와 화성이 태양 주위를 어떤 궤도로 돌고 있는지 계산했습니다. 처음에는 코페르니쿠스처럼 등속 원운동을 가정하고 계산했으나 아무리 해도 관측 자료와 계산 결과가 어긋나고 말았죠. 수년간에 걸친 계산에서 얻은 미세한 오류를 놓치지 않고 "이건 안 되겠어" 하고 방침을 바꾼 케플러는 드디어 등속 원운동이라는 가정을 내던집니다.

또다시 수년간의 계산 끝에 드디어 케플러는 '행성은 타원 궤도를 돌고 있다'는 획기적 결론에 도달했습니다. 타원이란 단순히 '원을 적당히 찌그러트린 형태'라는 의미가 아니라 수학적으로 정의된 도형입니다. 이 타원 궤도에서 주전원은 더 이상 불필요했고, 행성은 각자 정해진 하나의 타원 위를 돌고 있음을 깨닫게 되었습니다. '행성은 원 궤도를 돌고 있다'는 굴레에서 벗어나 순수하게 관측 자료에서 출발해 얻은 결론이 이토록 간결하다는 사실은 통쾌함마저 느끼게 합니다.

케플러의 세 가지 법칙

이러한 사실을 포함해 케플러가 얻은 결론은 최종적으로 세 가지 법칙으로 정리할 수 있습니다. 세 가지 법칙 전부를 발표한 시기는 브라헤가 사망한 지 18년이 지난 1619년의 일이었습니다.

● **케플러의 제2법칙**

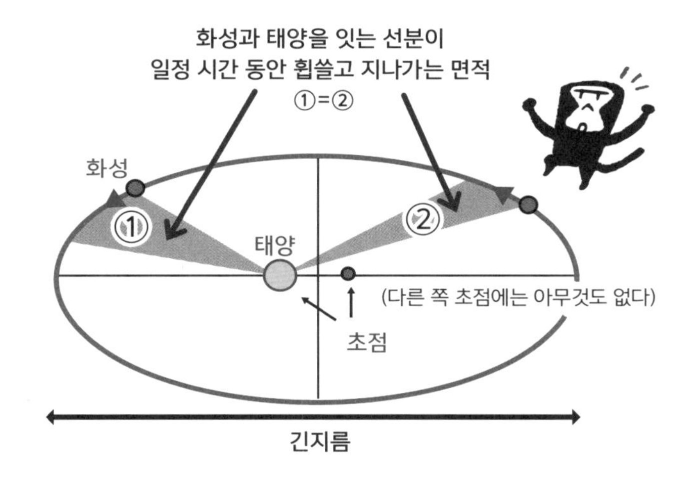

위 그림을 참조하며 아래의 법칙을 읽어주세요. 그림은 화성을 예로 들고 있는데, 다른 행성도 마찬가지입니다.

[제1법칙] 행성은 태양을 하나의 초점으로 하는 타원 궤도를 돌고 있다.

타원에는 두 개의 '초점'* 이 있습니다. 한쪽에는 태양이 있고, 다른 쪽의 초점에는 아무것도 없습니다. 따라서 필연적으로 행성은 태양에 가까워졌다 멀어졌다 하는 것이죠.

[제2법칙] 행성과 태양을 잇는 선분이 일정 시간 동안 휩쓸고 지나가는 면적은 일정하다.

---

* '두 점으로부터 거리의 합이 같은 점'으로 도형을 그리면 타원이 됩니다. 그 두 점을 초점이라고 합니다.

간단히 말하면, 행성은 태양과 가까울 때는 빨리 움직이고 태양과 멀리 있을 때는 느려진다는 의미입니다. 이를테면 그림의 ①과 ②의 면적이 같아지려면 화성의 속도는 그림 왼쪽에 있을 때는 빠르고, 오른쪽에 있을 때는 느려야 합니다. 또 이 법칙은 '각운동량 보존 법칙(중심과의 거리가 짧아지면 회전 속도가 올라간다)'과 동일한 내용입니다.

[제3법칙] 행성의 공전 주기의 제곱과 타원의 긴반지름(장반경이라고 하며, 긴 쪽의 반지름)의 세제곱의 비율은 어느 행성이든 같은 값이다.

즉, 공전 주기가 긴 행성은 태양에서 먼 궤도를 돌고 있다는 의미입니다.

이 케플러의 세 가지 법칙은 많은 자료의 뒷받침을 통해 간결한 법칙을 발견한 '경험칙'이며, 그런 법칙이 성립하는 이유까지는 제시하지 않습니다. 하지만 기존의 천동설이나 코페르니쿠스의 지동설에 비해 훨씬 정확하게 행성의 운동을 나타낼 수 있었으므로 당시 사람들에게 안긴 충격은 엄청났을 터입니다.

그리고 70여 년 후 이 법칙은 뉴턴(Sir Isaac Newton, 1642~1727)이 **'만유인력의 법칙'**을 도출하기 위한 직접적인 근거로 사용합니다.

07 만유인력의 법칙

▶ 물리학에서 가장 유명한 법칙

만유인력의 법칙

질량을 가진 두 물체는 서로 끌어당긴다.

그 크기 F는 다음과 같이 나타낼 수 있다.

$$F = G\frac{Mm}{r^2}$$

G : 비례 상수(만유인력 상수)

M, m : 각 물체의 질량

r : 두 물체의 거리

'케플러 법칙'의 간결함과 정확성은 기존의 천동설 대 지동설이라는 논쟁에 종지부를 찍었습니다. 나아가 지구를 포함한 행성이 태양 주위를 돌고 있다는 우주관을 세상에 등장시켰습니다.

그리고 필연적으로 '행성은 왜 태양 주위를 돌고 있을까?'라는 문제가 대두되었습니다. 케플러 자신도 당연히 의문을 풀고자 애썼는데, 이를테면 태양에서 '운동력'이라 부를 만한 힘이 주위에 전달돼 행성을 궤도의 접선 방향으로 끌어당기고 있다는 아이디어까지 고안해낸 바 있습니다.

그러나 근본적으로 '태양이 행성에 미치는 영향이란 무엇인가?'를 모른다면 올바른 결론을 이끌어낼 수 없습니다. 결국 케플러의 시대에는 안타깝게도 끝내 해명되지 못했습니다. 뉴턴이 『프린키피아*Principia*』라는 저서에서 역학의 세 가지 법칙을 발표하고, 케플러 법칙과 조합해 **'만유인력'**이라는 힘의 존재를 증명한 것은 케플러 법칙이 세상이 나온 지 무려 70여 년이 지난 뒤였습니다.

『프린키피아』에서 뉴턴이 발표한 것

뉴턴은 먼저 관성의 법칙, 가속도의 법칙, 작용·반작용의 법칙을 선언한 뒤 '케플러 법칙이 성립하기 위해서는 행성에 어떤 힘이 작용해야 하는가?'를 수학적으로 증명했습니다. 현대에서는 미분·적분의 힘을 빌려 증명하는 것이 일반적이지만 뉴턴의 시대에는 아직 미분·적분학이 보급되지 않았기 때문에(미분·적분은 뉴턴이 개발한 것이므로) 당시에는 기하학을 이용해 증명했습니다. 이 내용은 현대 물리학에 익숙한 사람도 이해하는 데 애를 먹는지라 필자에게도 상당히 버거운 작업이었습니다.

증명에 따르면 케플러의 세 가지 법칙이 성립하기 위해서는,

⑴행성이 받는 힘의 크기는 태양과의 거리의 제곱에 반비례하며, 행성의 질량에 비례한다.

⑵행성이 받는 힘의 방향은 태양 쪽으로 끌어당기는 방향이다.*

이 두 가지 성질을 만족시켜야만 합니다. 여기서 태양을 특별한 존재로 생각하지 않고 작용·반작용의 법칙이 성립한다고 치면, 태양도 행성

---

* 이 두 번째 성질은 만유인력이 중심력(회전 방향을 향하지 않는 힘)임을 의미하는데, 이는 케플러 제2법칙이 각운동량 보존 법칙과 같은 의미라는 점을 적용해 직접 도출해낼 수 있습니다.

과 같은 크기의 힘을 받는다고 할 수 있습니다. 그러면 (1)에 의해 그 힘의 크기는 태양의 질량에도 비례합니다.

이상을 정리해보면 행성과 태양은 다음 페이지 그림에 정리한 것처럼 같은 크기의 힘 F가 상호작용하고 있다는 의미가 됩니다. 힘의 크기는 태양과 행성의 거리의 제곱에 반비례하고, 질량의 곱에 비례합니다.

이 법칙의 의미는 '태양이 행성에 힘을 미친다'가 아니라 '질량이 있는 물체끼리는 서로 인력이 작용한다'는 의미입니다. 그래서 **'만유인력의 법칙'**이라고 하죠. 이 법칙으로 인해 '지구는 태양이 끌어당겨 태양 주위를 돌고 있다'뿐 아니라 '달은 지구가 끌어당겨 지구 주위를 돌고 있다', '사과는 지구가 끌어당겨 땅에 떨어진다' 등 하늘에서 일어나는 현상과 땅 위에서 일어나는 현상을 동일한 하나의 원리로 설명할 수 있게 되었습니다.

그런데 태양 역시 행성이 같은 크기의 힘으로 끌어당기고 있다면 어째서 태양은 거의 움직이지 않고 행성만 움직이는 걸까요? 이는 태양의 질량이 행성보다 훨씬 크기 때문입니다.

뉴턴 제2법칙에 따르면, 물체에 발생하는 가속도는 질량에 반비례하므로 행성과 태양이 같은 크기의 힘을 받고 있는 경우, 태양에 발생하는 가속도는 매우 작습니다. 따라서 태양은 거의 움직이지 않고 행성만 빙빙 돌고 있는 것이죠.

또 만유인력은 질량이 있는 물체 사이에서 작용하므로, 예컨대 나와 옆에 있는 사람 사이에서도 만유인력이 작용합니다. 여기서 '몸무게가 50kg인 사람 두 명이 1m 거리를 두고 서있을 때의 만유인력'을 계산해보면 대략 1,000분의 1N(뉴턴)이 됩니다. 이는 50kg인 사람이 지구로부터 받는 만유인력의 300억분의 1이라는 아주 작은 힘입니다.

그래서 우리가 평소 생활하고 있을 때는 주위의 물체로부터 받는 만유인력 때문에 움직이기 힘들다거나 하는 일은 없습니다.

● 만유인력의 법칙의 의미를 생각해보자

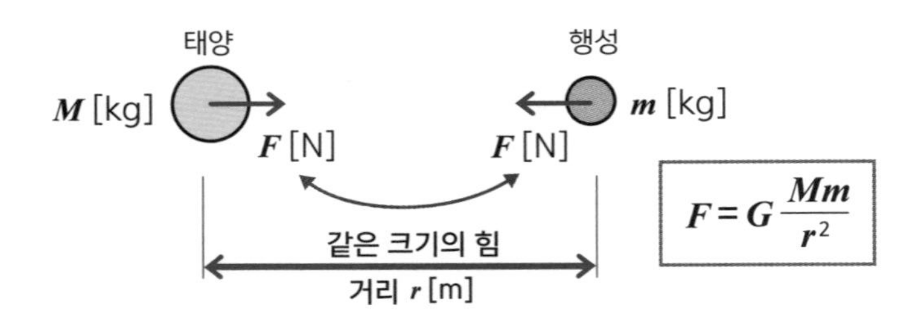

$$F = G\frac{Mm}{r^2}$$

G : 비례 상수(만유인력 상수)
M : 태양의 질량
m : 행성의 질량
r : 태양과 행성의 거리

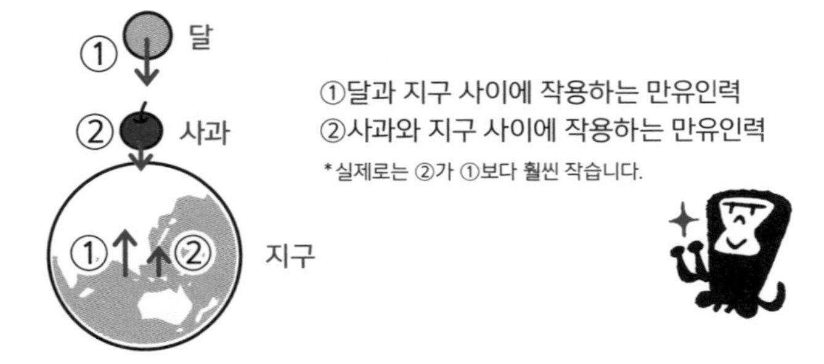

인력? 중력? 만유인력? 그 차이는?

그런데 여러분 중에는 '인력, 중력이라는 말과 만유인력은 뭐가 다른 거지?' 하고 고개를 갸웃거리는 사람도 있을 터입니다. 알 듯 말 듯 의외로 모호하게 구별해서 사용하는 경우가 많지요. 그래서 그 차이를 정리해두고자 합니다.

먼저 **'인력(引力)'**은 '서로 잡아당기는 힘'이라는 의미입니다. 따라서 태양과 지구 사이의 인력 외에도 ①전기의 양과 음이 서로 잡아당기는 것도 인력입니다. ②자석 N극과 S극이 서로 잡아당기는 것도 인력입니다. ③질량이 있는 물체끼리 서로 잡아당기는 것도 인력으로, 이들은 전부 서로 잡아당기므로 '인력'이라고 지칭할 수 있습니다.

반면 **'만유인력(萬有引力)'**은 마지막 ③'질량이 있는 물체끼리 서로 잡아당기는 힘'만을 가리키는 특별한 단어입니다. '만유'란 '모든 물체가 가지고 있다'는 의미입니다. 상식적으로 생각하면 모든 물체에는 질량이 있으므로 '질량이 있는 것(=모든 것)이 가지고 있는 인력'이라는 의미에서 '만유인력'이라고 합니다.

● 중력=만유인력+원심력

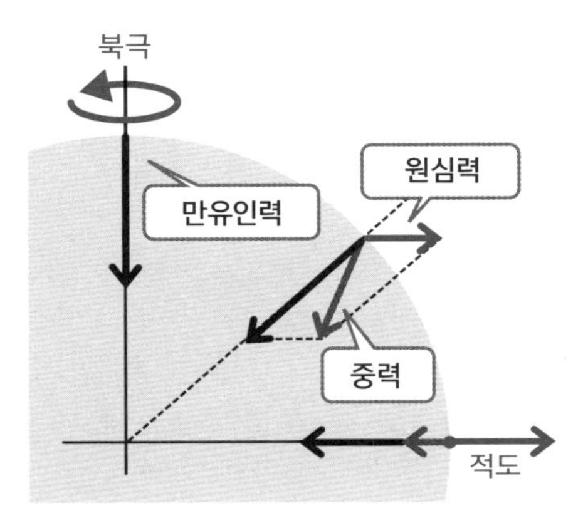

*이 그림에서는 원심력을 과장해서 아주 크게 표현하고 있습니다.

그런데 여기서 또 한 가지 이해를 복잡하게 만드는 요인이 있습니다. '인력'이라는 말은 ①~③의 의미로 사용한다고 설명했는데, 문맥에 따라서는 ③의 '만유인력'과 같은 의미로 사용하는 경우도 있습니다. 이는 문맥을 통해 '전자기력까지 포함한 인력이 아니라 질량에 관한 만유인력의 의미구나' 하고 파악할 필요가 있습니다.

또 한 가지 까다로운 것이 **'중력'**입니다. '중력=만유인력'으로 알고 있는 사람도 있는데, 그렇지 않습니다. '중력'이란 지구상의 물체가 받는 만유인력과 원심력의 합력을 말합니다. 여러분은 혹시 '우리나라에서 몸무게가 60kg인 사람이 적도 근방으로 가면 60kg보다 가벼워진다'라는 이야기를 들어본 적 있나요? 이는 앞 페이지의 그림처럼 적도에서는 원심력이 지면의 반대 방향을 향하므로 만유인력이 다소 상쇄되는 효과가 있기 때문입니다. 따라서 '중력≠만유인력'입니다.

● **행성의 중력을 이용한 스윙바이**

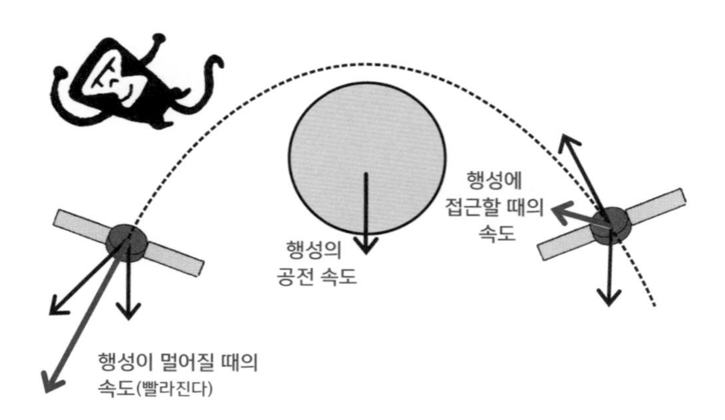

그런데 골치 아프게도 중력을 만유인력과 같은 의미로 사용하는 경우도 있으니 주의해야 합니다. 이를테면 '목성의 중력을 받은 인공위성이 스윙바이를 한다(빨라진다)'라고 하는 경우입니다. 이는 목성의 만유인력을 이용해서 인공위성이 가속한다는 의미입니다.

이상을 정리하면 다음과 같습니다.

> **(1)만유인력** : 질량이 있는 물체끼리 서로 잡아당기는 힘
>
> **(2)인력** : 물체끼리 잡아당기는 힘. 전기·자기·만유인력 등이 있으며, 인력이 반드시 만유인력을 의미하지는 않는다. 하지만 '만유인력'이라는 의미로 '인력'이라고 하는 경우가 있다.
>
> **(3)중력** : 지구상의 물체에 작용하는 힘으로, 만유인력과 원심력의 합력. 단, '만유인력'이라는 의미로 '중력'이라고 하는 경우도 있다(지구상 이외의 화제인 경우 등).

새로운 천체의 예측과 발견

앞서 설명한 두 명의 인간 사이에 존재하는 만유인력의 계산식에서 볼 수 있듯이 만유인력은 음과 양의 인력(전기력), N극과 S극이 서로 끌어당기는 힘(자기력)에 비하면 훨씬 작은 힘입니다. 그 증거로 쇠 옆에 자석을 두고 손을 떼면 쇠는 자석에 들러붙기만 할 뿐 바닥에 떨어지는 일(만유인력)은 없습니다.

그러나 전기력이나 자기력과는 달리 만유인력에는 '반발력'이 없습니다. 또 전기나 자기의 힘은 조금 거리가 멀어지면 그 힘이 급격히 감소합

니다. 때문에 어마어마한 질량이 포함된 우주 규모의 현상에서는 만유인력이 영향력을 발휘합니다. 따라서 우주의 다양한 구조와 현상은 이 만유인력에 의한 것이라고 생각해도 무방합니다. 지구 주위를 도는 달이 그러하고, 태양 주위를 도는 행성이 그러하죠.

만유인력의 법칙을 적용한 계산으로 그 존재가 예측되고, 그 후 보란 듯이 세상에 등장한 천체 두 개를 소개하겠습니다.

하나는 **'핼리 혜성'**입니다. 영국의 천문학자 핼리(Edmond Halley, 1656~1742)는 1682년(『프린키피아』 간행보다 조금 앞선 시기입니다)에 출현한 혜성이 일찍이 1531년, 1607년에도 관측된 혜성과 거의 동일한 궤도를 통과한다는 사실을 발견했습니다. 핼리는 이 혜성이 태양과 행성으로부터 받는 만유인력을 계산해 '다음에 되돌아오는 시기는 1758년경'이라고 예측했습니다. 핼리는 1742년에 사망했지만 혜성은 그의 예측대로 1758년에 발견됩니다. 그래서 이 혜성은 그의 공적을 기려 '핼리 혜성'이라고 부르게 되었습니다.

다른 하나는 **'해왕성'**입니다. 해왕성은 현재 태양계 가장 바깥쪽에 있는 행성으로 알려져 있지만, 발견되기 전에는 천왕성이 그 지위를 차지하고 있었습니다. 천왕성은 1781년에 발견되었는데, 곧 그 궤도에서 '태양 등 기존에 알려진 천체에서 받는 만유인력'만으로는 설명할 수 없는 작은 불규칙성을 찾아냈습니다.

그 원인을 '천왕성의 궤도 밖에 미지의 행성이 하나 있고, 그 행성으로부터 천왕성에 작용하는 만유인력 때문이 아닐까?' 하고 추측한 프랑스의 천문학자 르베리에(Urbain Jean Joseph Le Verrier)와 영국의 천문학자 애덤스(John Couch Adams)는 각자 독자적으로 그 미지의 행성의 위치를 계산했습니다. 그리고 1846년 독일의 천문학자 갈레(Johann Gottfried Galle)가 그 예측된 위치에서 새로운 천체, 해왕성을 발견합니다.

암흑 물질의 증거?

● 케플러의 제3법칙이 암흑 물질을 발견했다?

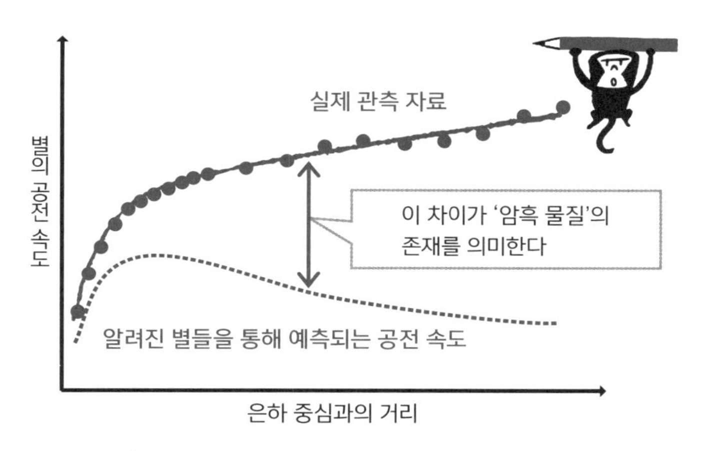

M33 은하의 관측을 통해 얻은 별의 공전 속도 그래프
출처 : E. Corbelli and P. Salucci, 「Monthly Notices of the Royal Astronomical Society」 311 (2) : pp.441-447 Fig.6을 바탕으로 저자 작성

행성이나 혜성이 태양 주위를 도는 것처럼 별들도 은하의 중심 주변을 돌고 있습니다. 소용돌이 모양의 은하 중심에는 거대한 질량을 가진 블랙홀이 있고, 그 주위에는 많은 별들이 밀집해 있는 영역[벌지(Bulge)라고 합니다]이 있습니다. 그리고 그 외측에 소용돌이 형태로 분포하는 별들이 벌지와 은하 중심에 있는 블랙홀의 만유인력을 받으며 은하 중심 주변을 돌고 있습니다.

그렇다면 이는 '태양 주위를 도는 행성'과 흡사한 상황이므로 케플러의 법칙과 비슷한 조건이 성립합니다. 중심이 되는 천체가 하나가 아니라 벌지처럼 퍼져있기 때문에 이를 보정해서 계산해야 하는데, 대체로 '은하 중심에서 멀리 있는 별일수록 회전 속도(공전 속도)가 느리다'고 예측할 수 있습니다. 이는 케플러의 제3법칙과 동일한 내용입니다.

그런데 1970년대에 미국의 천문학자 베라 루빈(Vera Rubin, 1928~2016) 연구팀이 수십 개의 은하를 관찰한 결과, 별의 공전 속도는 은하 중심에서 멀어져도 거의 느려지지 않는다는 사실을 발견했습니다.

이는 은하 안에 '계산에 포함되지 않은 물질'이 대량으로 존재함을 암시합니다. 알려진 별의 질량은 계산에 전부 들어가 있으므로, 다시 말해 '눈에 보이지 않는 물질이 은하 내에 대량으로 존재'한다는 의미입니다.

이 물질은 **'암흑 물질'**로 불렸는데, 이는 1930년대에 스위스 천문학자 프리츠 츠비키(Fritz Zwicky, 1898~1974)가 머리털자리 은하단에 관한 계산을 통해 제안한 개념입니다. 츠비키 이후 처음 획득한 암흑 물질의 직접적 증거가 바로 루빈의 관측 결과입니다.

다만 암흑 물질 그 자체는 눈에 보이지 않기 때문에 '직접적'이라는 표현이 적당한지는 모르겠으나, 적어도 뉴턴이 제안한 역학의 범위 내에서는 루빈의 관측 결과가 '눈에 보이지 않는 물질이 은하 내에 대량으로 존재'함을 증명하는 것만은 틀림없습니다.

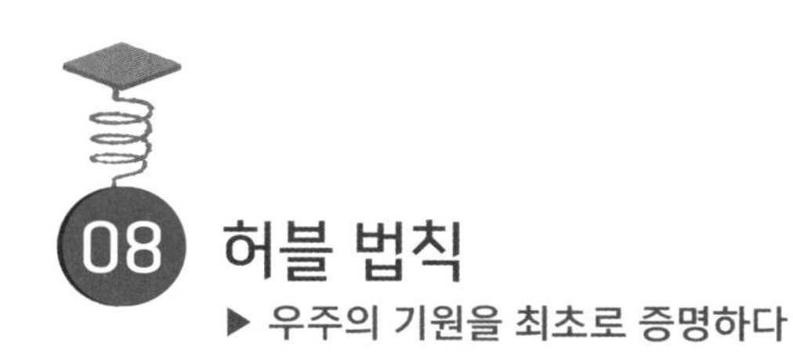

08 허블 법칙

▶ 우주의 기원을 최초로 증명하다

허블 법칙

천체가 지구에서 멀어지는 속도는

천체와 지구의 거리에 비례한다.

케플러 법칙의 확립으로 지구는 우주의 중심에 자리한 특별한 존재가 아님이 밝혀졌습니다. 또 만유인력의 법칙에 의해 태양조차 특별한 존재가 아닌, '지구에 인력이 미치지만 반대로 지구로부터 인력을 받는' 존재임이 밝혀졌죠.

그 뒤에도 발견은 계속돼, 1718년(뉴턴이 만유인력의 법칙을 발표한 지 약 30년 뒤)에는 영국의 천문학자 핼리가 '항성의 고유 운동'을 발표합니다. 이는 항성(태양처럼 스스로 빛을 내는 별)은 우주에서 정지한 상태로 있는 것이 아니라 어떤 이유로 인해 움직이고 있음을 증명하고 있습니다.

색깔로 알 수 있는 은하의 후퇴 속도

핼리가 발견한 고유 운동은 지구에서 봤을 때 횡방향(시선과 수직 방향)

이었지만 마침내 시선과 평행 방향의 움직임도 발견하기에 이르렀습니다. 이는 '천체가 발하는 빛깔이 원래 색보다 붉어지면서' 검출되는데, 조금 더 살펴보겠습니다.

'도플러 효과'가 등장하는 부분(PART 5-03)에서 자세히 설명하겠지만, 소리를 내는 물체(음원)가 관측자로부터 멀어지는 경우 음파의 파장은 길어집니다. 그 결과 음정이 낮게 들리죠(구급차가 지나간 뒤에 일어나는 현상입니다).

빛도 마찬가지입니다. 빛을 내는 물체(광원)가 관측자와 멀어질 때 빛의 파장이 길어집니다. 빛의 파장이 길어지면 색이 붉어집니다. 반대로 광원이 관측자와 가까워질 때는 파장이 짧아져 푸른색을 띱니다.

20세기 초, 미국의 천문학자 슬라이퍼(Vesto Slipher, 1875~1969)가 실제로 여러 은하[당시 용어로는 '성운(星雲)'이라 합니다]의 색깔을 측정해본 결과, 대부분의 은하가 원래 색보다 붉은빛을 띤다는 사실을 발견했습니다. 이를 도플러 효과라고 가정하면, 붉어진 정도를 통해 은하가 멀어지는 속도(후퇴 속도)를 구할 수 있으며, 그 값은 초속 수십에서 수백 킬로미터에 해당합니다.

천체까지의 거리를 측정하는 척도

한편 그 무렵, 천체까지의 거리를 측정하는 방법이 조금씩 확립되고 있었습니다. 가까운 거리일 때는 '연주 시차'라고 해서, 지구의 공전으로 인해 6개월마다 별이 보이는 방향이 바뀌는 점을 이용해 천체까지의 거리를 측정합니다.

조금 더 멀리 있는 천체는 H-R도(Hertzsprung-Russell Diagram, 헤르

츠스프룽-러셀도)라는 별의 색깔과 밝기의 관계를 나타내는 도표를 이용합니다. 이 도표로 별의 색깔을 관측하면 별의 실제 밝기를 알 수 있습니다. 이는 **'절대 등급'**이라고 해서, 별을 32.6광년의 거리에 뒀을 때 관측되는 밝기를 말합니다. 육안으로 관측되는 별의 밝기는 거리가 멀수록 어두워지는데, '밝기는 거리의 제곱에 반비례'하므로 실제 밝기와 관측되는 밝기의 비율을 조사해서 거리를 알아내는 방법이죠.

더 먼 곳에 있는 천체는 '세페이드 변광성'이라는 유형의 변광성(밝기가 변하는 별)의 변광 주기와 밝기의 관계를 이용합니다. 변광 주기를 알면 관측된 밝기와 실제 밝기의 비율을 통해 거리를 구할 수 있습니다. 현재는 이 방법으로 약 6,000만 광년까지 거리를 산출할 수 있습니다.

● **허블 법칙을 알아내다!**

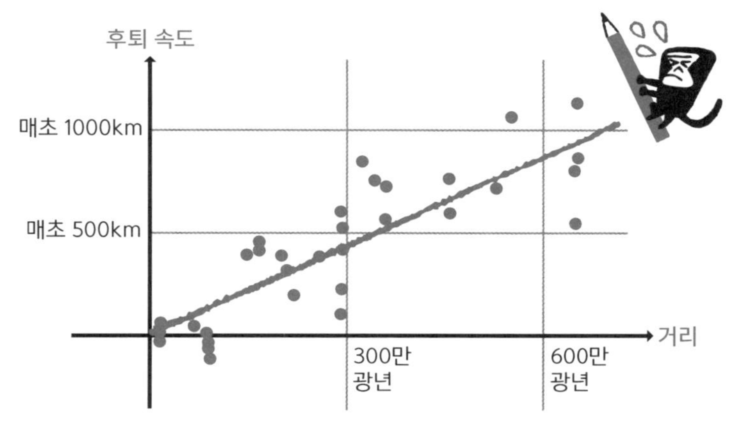

허블이 발표한 거리와 후퇴 속도의 관계
출처 : 「Proceedings of the National Academy of Sciences of the United States of America」, Vol. 15, Issue 3, pp.168-173 Fig.2를 바탕으로 작성

이렇게 얻은 천체까지의 거리와 후퇴 속도 자료를 비교한 천문학자 두

사람이 있었습니다. 바로 미국의 허블(Edwin Powell Hubble, 1889~1953)과 벨기에의 르메트르(Georges-Henri Lemaître, 1894~1966)입니다. 두 사람은 각자 자료를 해석해 거의 동일한 결과를 얻었습니다. 발표는 르메트르가 2년 정도 빨랐지만 벨기에 내에서 지명도 낮은 과학지(더구나 프랑스어로 작성)에 발표한 탓에 거의 주목받지 못했고, 때문에 1929년 허블이 발표한 결과가 일반적으로 더 잘 알려져 있습니다.

두 사람이 밝혀낸 것은 '천체까지의 거리와 천체의 후퇴 속도가 비례'한다는 사실입니다. 이를테면 천체까지의 거리가 2배가 되면 후퇴 속도도 2배가 된다는 것이죠. 이 관계를 **'허블 법칙'**이라고 합니다.

우주라는 그릇 자체가 팽창하고 있다!

허블의 발견에 앞서 1922년, 러시아의 우주물리학자 알렉산더 프리드만(Alexander Alexandrovich Friedmann, 1888~1925)은 일반 상대성 이론을 근거로 '팽창·수축하는 우주'라는 해답을 구하고 있었습니다. 쉬운 말로 바꾸면 '우주 공간 그 자체가 시간의 흐름에 따라 커진다(또는 작아진다)'라는 의미인데, 당시에 우주는 영원·불변의 존재라는 생각(정상 우주론)이 지배적이었기 때문에 크게 주목받지는 못했습니다. 일반 상대성 이론의 창시자인 아인슈타인도 '이론상으로는 가능하지만 실제로는 일어나지 않는다'라고 보았죠.

그때 등장한 것이 허블 법칙입니다. 허블 법칙은 프리드만이 제창한 '팽창하는 우주'라는 틀로 생각하면 금세 이해할 수 있는 내용이었습니다.

비유적으로 다음과 같은 상황을 생각해봅시다. 고무풍선의 표면(=우주)에 같은 간격으로 점을 찍어두었다고 합시다. 풍선을 불면 점과 점 사이의 간격이 벌어지는데, 처음의 거리가 멀면 멀수록 벌어지는 속도는 빨라집니다. 이것이 허블 법칙의 이미지입니다.

● **우주 팽창은 '풍선'에 비유하면 이해하기 쉽다**

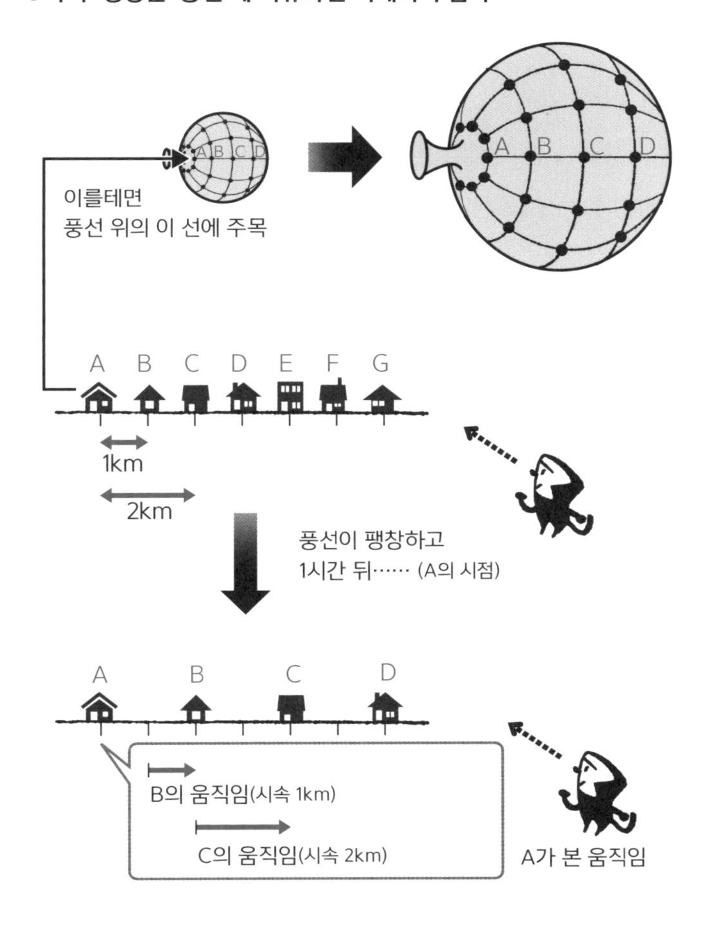

조금 더 자세히 살펴봅시다. 위의 그림을 봐주세요. 풍선 위에 그린 직선 위에 1km 간격으로 집 A, B, C……가 늘어서 있다고 칩시다(우주를 비유하는 것이므로 아주 거대한 풍선입니다). 집은 그 자리에 고정되어 있지만 풍선이 팽창하면 어떻게 될까요?

1시간 뒤에 A와 B의 거리가 2km가 됐습니다. 그렇다면 A와 C의 거리는 4km로 벌어진 상태입니다. 즉, A에서 바라봤을 때 B가 멀어지는 속도는 시속 1km, C가 멀어지는 속도는 시속 2km가 됩니다. 이것이 '거리가 2배가 되면 후퇴 속도는 2배'인 상황이죠.

이는 B를 중심으로 생각해도 마찬가지로, B에서 보면 C와 A는 같은 속도로 멀어지며 D는 그 2배의 속도로 멀어집니다. 이처럼 팽창하는 우주는 '어느 한 점(지구 등)을 중심으로 퍼지는 것'이 아니라 우주 전체가 똑같이 부풀기 때문에 어디를 중심으로 보더라도 주변 물체들은 거리에 비례한 후퇴 속도로 멀어집니다.

이렇게 처음에는 '이론적으로는 가능해도 실제 우주의 모습은 아니다'라고 평가 받았던 프리드만의 '팽창하는 우주' 모델은 허블 법칙의 등장으로 단번에 설득력을 얻게 되었습니다.

또 은하가 실제 색깔보다 붉어지는 현상은 처음에는 도플러 효과(고정된 공간 안에서 광원이 멀어지면 빛의 파장이 길어지는 현상)로 보았지만, 지금은 '광원은 공간에 고정돼 있고, 공간 그 자체가 늘어나면서 빛의 파장이 길어지는 현상'이라고 해석하고 있습니다. 이는 정확히 말하면 **'우주론적 적색편이'**라는 현상으로, 도플러 효과와는 다릅니다(늘어난 파장의 길이로 후퇴 속도를 구하는 관계식도 다릅니다).

빅뱅 우주론

우주가 팽창하고 있다는 것은 과거로 거슬러 올라가면 우주는 아주 작았다, 즉 작은 범위에 현재의 많은 물질(별이나 은하 따위)들이 가득 들어차 있었다는 말이 됩니다.

그렇다면 더 옛날에는 한 점에 우주가 들어있었고, 거기서부터 우주가 팽창하기 시작했다고 생각할 수도 있습니다. 그러한 우주관을 **'빅뱅 우주론'**이라고 합니다. 이 책에서는 상세히 다루지는 않지만 현재 빅뱅 우주론은 널리 인정받고 있으며, 허블 법칙은 이 이론을 뒷받침하는 큰 기둥으로 자리하고 있습니다.

최근에는 우주 팽창 속도가 과거에 일정했던 것이 아니라 수십억 년 전부터 감속 팽창에서 가속 팽창으로 바뀌었다*는 사실도 밝혀졌습니다.

우주 팽창을 가속시키는 에너지원은 전혀 알려지지 않았으나 편의상 '암흑 에너지'라고 부릅니다. 암흑 물질(PART 2-07)과 보통 물질의 질량을 에너지로 환산해 비교해보면 무려 우주의 68%가 암흑 에너지, 27%가 암흑 물질, 나머지 5%가 보통 물질이라고 추측할 수 있습니다.

우리가 실제로 보는 우주가 겨우 5%밖에 되지 않는다는 사실은 놀라움을 넘어서 의문마저 듭니다. 이렇듯 조금만 시선을 돌리면 무척이나 새롭고 놀라운 사실을 발견하는 곳이 우주입니다. 그래서 최신 관측 결과, 최신 우주론에서 눈을 뗄 수 없는 듯합니다.

---

* 2011년 노벨 물리학상은 멀리 있는 초신성을 관측한 결과를 바탕으로 우주는 가속 팽창하고 있다는 사실을 발견한 연구자 세 명에게 돌아갔습니다.

PART 3

가전제품의 물리 원리 알기

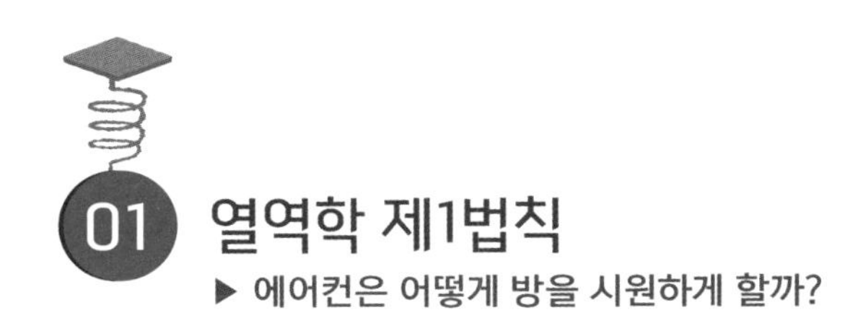

01 열역학 제1법칙

▶ 에어컨은 어떻게 방을 시원하게 할까?

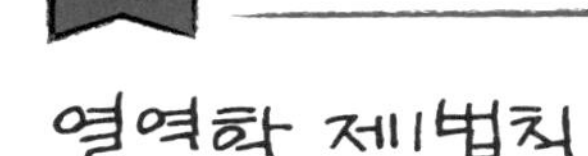

물체가 가진 열운동의 운동 에너지는 열과 일에 의해 변화시킬 수 있으며, 다음과 같은 관계식으로 나타낼 수 있다.

열운동의 운동 에너지 증가량=가한 열+한 일

열운동의 운동 에너지 감소량=방출한 열+외부에 한 일

후텁지근한 여름에도 방 안에 큼직한 얼음을 갖다 두면 왠지 시원해지는 것 같습니다. 이는 차가운 얼음이 뜨거운 공기의 열을 빼앗아간다고 생각하면 이해가 될 겁니다.

에어컨의 경우는 조금 기묘합니다. 얼음과는 반대로 '시원한 실내에서 더운 바깥으로 열이 나가는' 장치이기 때문입니다. 왜 이처럼 부자연스러운 현상이 일어날까요?

덥다·춥다를 나타내는 '온도'란?

그 이유를 알기 위해서 먼저 '온도'란 대체 무엇인가부터 생각해봅시다. 모든 물질은 원자라는 입자로 이루어져 있습니다. 그 원자와 원자가 달라붙어 있는 것을 '분자'라고 합니다(산소 분자 등). 원자와 분자는 한곳에 머무르지 않습니다. 기체나 액체는 이리저리 돌아다니며 고체는 진동하고 있죠. 이 돌아다니는(또는 진동하는) 움직임을 **'열운동'**이라고 합니다(PART 1–06에서도 다룬 바 있습니다).

그리고 열운동의 '세기'를 나타내는 값이 **'온도'**입니다. 세기라고 하면 다소 모호하므로 앞서 역학적 에너지 보존 법칙에서 소개한 '운동 에너지 $=\frac{1}{2}mv^2$'을 이용합니다. **'열운동의 운동 에너지가 크다 = 온도가 높다'**는 뜻입니다.

열역학 제1법칙 _주전자의 열이 전달되다

자, 그렇다면 물체의 온도를 올리거나 내리려면 어떻게 해야 할까요? 설명하기 쉬운 기체를 예로 들어보겠습니다.

기체의 온도를 올리려면 기체 분자의 열운동의 운동 에너지를 증가시키면 됩니다. 그 방법은 ①'열을 가한다' ②'일을 한다' 둘 중 하나입니다.

우선 ①'기체에 열을 가한다'는 이를테면 실온 20℃의 방에 100℃의 물을 담은 주전자를 두면 물이 식는 대신 실온이 조금 올라가는 상황을 생각하면 됩니다.

이는 다음과 같은 원리입니다. 100℃의 물을 담은 주전자 원자는 20℃의 공기 분자보다 격렬한 열운동을 하고 있습니다. 따라서 공기 분자가 주전자와 충돌할 때마다 주전자 원자의 열운동은 약해지고 대신 공기 분자의 열운동이 거세집니다. 엄청난 속도로 굴러가는 공A에 다른 공B를 살짝 부딪치게 하면 공A의 기세가 꺾이고 공B의 속도가 증가하는 것과 마찬가지입니다.

이러한 상황이 반복되면 주전자 원자의 열운동은 갈수록 약해지고 공기 분자의 열운동이 활발해집니다. 즉, 공기의 온도가 올라갑니다.

● 기체의 온도를 올리는 두 가지 방법

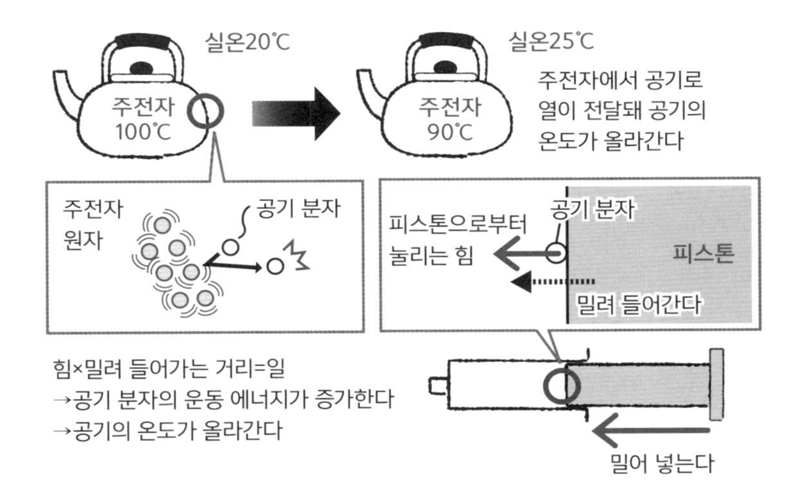

이처럼 접촉을 통해 원자·분자의 열운동의 운동 에너지가 전달되는 현상을 '열이 전달되다'라고 합니다. 위 사례에서는 '주전자에서 공기로 열이 전달됐다'라고 표현합니다.

접촉시키는 것만으로도 열이 전달되는 현상은 반드시 '고온 물체 → 저온 물체'에서만 일어납니다. 따라서 첫머리에서도 설명했듯이, 시원한 실내에서 더운 바깥으로 열이 이동한다는 것은 '저온 물체 → 고온 물체'

의 흐름이므로 언뜻 이상하게 보입니다.

에어컨의 수수께끼는 잠시 제쳐두고, 다음은 ②의 '일' 이야기로 들어가 봅시다.

열역학 제1법칙 _'일'로 에너지를 전달하다

'일'이라고 해서 물론 비즈니스는 아닙니다. 물리학에서 말하는 '일'이란 역학적 에너지 보존 법칙에서 설명한 바와 같이 '힘×이동거리'로 계산합니다.

이를테면 '기체에 일을 하다'란, 주사기에 공기를 넣고 피스톤을 밀어 넣는 현상입니다. 주사기의 경우, 공기 분자는 피스톤으로부터 힘을 받아 밀려 들어가므로 '힘을 받으며 이동하는(피스톤이 공기 분자에 일을 하는)' 상황이 됩니다. 그러면 공기 분자의 운동 에너지가 증가하므로(즉, 열운동이 거세지므로) 주사기 안의 공기 온도가 올라갑니다.

이 원리를 이용한 과학 실험기구로 '압축 발화기'라는 것이 있습니다. 이 기구는 주사기 같은 용기 안에 휴지(또는 솜)를 넣고 단숨에 피스톤을 밀어 넣으면 용기 안의 공기 온도가 순간적으로 상승해 휴지에 불이 붙습니다. 선뜻 믿기지 않는 사람은 실제로 제가 실험한 모습을 담은 유튜브 영상을 참조해주세요*. 중요한 것은 밖에서 열이 전달되지 않아도 일을 하는 것만으로도 기체의 온도가 올라간다는 사실입니다.

이상을 정리하면, 기체의 온도를 올리기 위해서는 기체 분자의 열운동의 운동 에너지를 증가시켜야 하며, 그러기 위해서는 ①열을 가한다, ②

---

* 압축 발화기 실험 영상 https://youtu.be/H2NKfxesog8

일을 한다, 이 두 가지 방법이 있습니다.

반대로 기체의 온도를 내리기 위해서는 기체 온도보다 저온인 물체를 기체에 접촉시켜 열을 방출하게 하거나 기체를 팽창시켜 외부에 일을 하게 하면 됩니다.

이를 정리한 다음의 식을 **'열역학 제1법칙'**이라고 합니다.

- **열운동의 운동 에너지 증가량=가한 열 + 한 일**
- **열운동의 운동 에너지 감소량=방출한 열 + 외부에 한 일**

● 열을 가할까, 일을 할까?

	열	일
기체의 온도를 올린다	기체에 열을 가한다 (고온 물체를 접촉시킨다)	기체에 일을 한다 (압축한다)
기체의 온도를 내린다	기체에서 열을 방출한다 (저온 물체를 접촉시킨다)	기체가 외부에 일을 한다 (팽창시킨다)

구름이 생기는 원리

열역학 제1법칙의 사례로 유명한 것이 '구름이 생성되는 원리'입니다. 간략히 설명하자면, 수증기를 포함한 공기 덩어리가 상승해서 팽창하면 온도가 내려가 구름이 생깁니다. 이 과정을 좀 더 자세히 살펴봅시다.

먼저 지표가 햇빛을 받아 따뜻해집니다. 그러면 지표 부근의 공기 온도가 상승합니다. 따뜻해진 공기는 가벼워져서 하늘 높이 올라갑니다(목욕탕에서 수면 가까이에 따뜻한 물이 모여드는 것과 같습니다). 상공은 주위기압이 낮기 때문에 상승한 공기 덩어리를 누르는 힘이 약해져 공기 덩어리가 팽창합니다. 열역학 제1법칙에 따라 기체가 팽창할 때는 외부에서 열을 가하지 않는 한 온도가 내려가므로 이 공기 덩어리의 온도도 내려갑니다.

공기 덩어리의 온도가 내려가면 공기 중에 머금을 수 있는 수증기량이 감소하기 때문에 머금고 있던 수증기(기체 상태인 물)가 물방울(액체 상태인 물)이 되어 공중에 나타납니다. 이 물방울 집단이 구름입니다.

● **구름이 생성되는 방식과 '열역학 제1법칙'과의 관계**

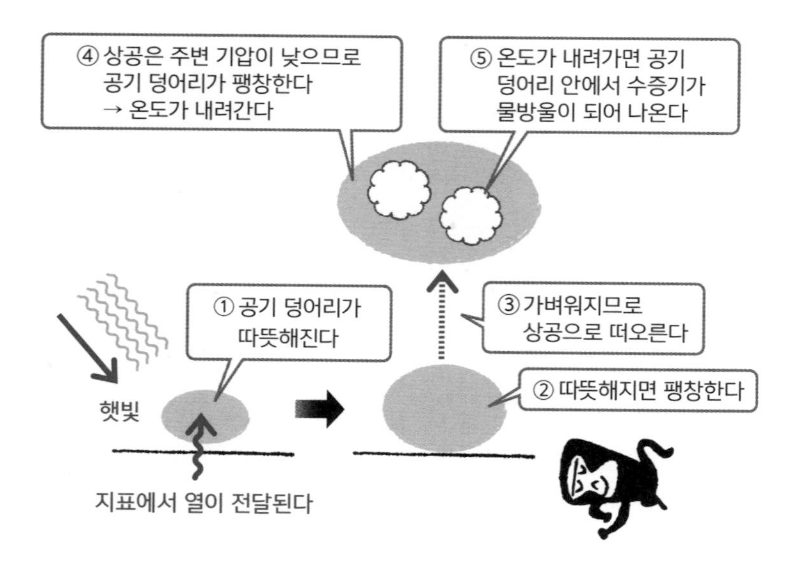

드디어 에어컨의 원리에 도전!

자, 이제 에어컨의 원리를 해명해봅시다. 에어컨의 중심적 역할을 하는 '냉매'라는 물질은 기체와 액체를 오가기 때문에 엄밀히는 열역학 제1법칙의 식이 정확하지는 않지만, 사소한 것은 제쳐두고 요점만 이해해봅시다.

● **저온에서 고온으로? 에어컨의 수수께끼**

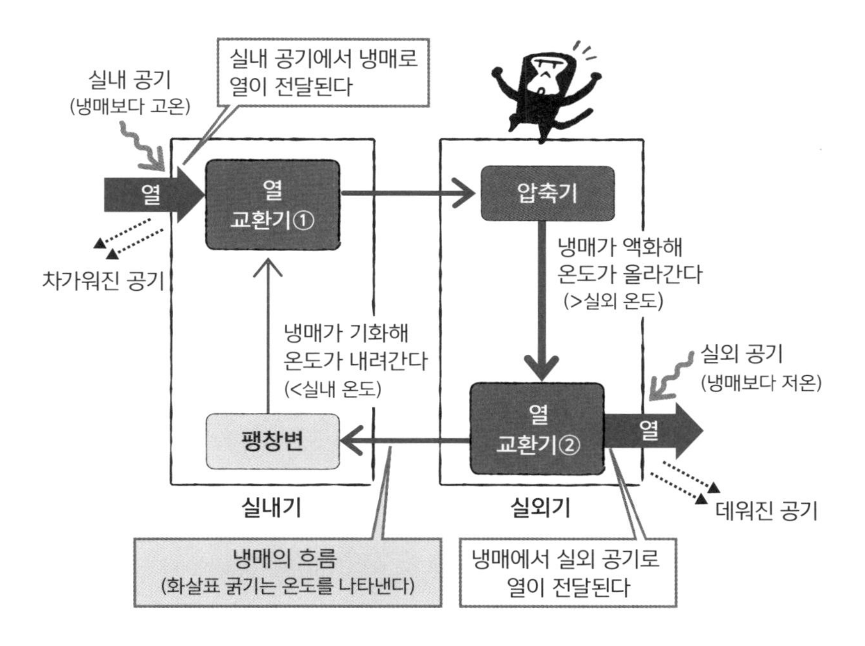

에어컨의 개념도를 보면, 냉매가 실내와 실외를 오가며 빙글빙글 돕니다. 실외에서 돌아온 냉매(이때는 액체)는 에어컨 안의 팽창변(모세관)이라는 곳에서 순식간에 압력이 낮은 곳으로 방출됩니다. 저압 상태에 놓인 액체는 금세 증발하는 성질이 있는데, 이때 주변의 열을 흡수합니다. 땀이 마르면 시원해지는 현상과 동일하며, 이 열을 **'기화열'**이라고 합니다.

이 과정에서 실온보다 차가워진 냉매에 실내 공기가 닿습니다. 그러면 실내 공기에서 냉매로 열이 전달됩니다(위 그림 '열교환기①'). 이는 '온도가 높은 쪽(실내) → 온도가 낮은 쪽(냉매)'으로 열이 전달되는 현상일 뿐이므로 딱히 이상한 점은 없습니다.

자, 열을 흡수해서 온도가 올라간 냉매는 실외기로 운반돼 그곳에서 압축됩니다. 기체는 강하게 압축하면 액체가 되는 성질이 있습니다. 그리고 그때 주위에 열이 방출됩니다. 아까와는 반대 상황이죠. 또 이때 방출된 열을 '**응축열**'이라고 하는데, 열량은 기화열과 동일합니다. 즉, 기체가 될 때 주위에서 흡수한 열을 액체가 될 때 주위에 되돌려놓는 것이죠.

이렇게 고온의 액체가 된 냉매가 실외 공기(냉매보다 저온)와 만나면 냉매에서 실외 공기로 열이 전달됩니다(앞의 그림 '열교환기②'). 이 현상 역시 '고온(냉매) → 저온(실외)'으로 열이 전달되는 것일 뿐이니 이상한 부분은 아닙니다.

그리고 조금 온도가 내려간 냉매는 다시 에어컨의 실내기로 운반되고……. 이런 식으로 빙글빙글 돕니다. 이처럼 중간에 기화와 액화라는 과정이 포함된 탓에 조금 복잡하지만 '냉매를 팽창시켜 온도를 내린다', '냉매를 압축해 온도를 올린다'라는 점에서는 열역학 제1법칙의 연장으로 이해할 수 있습니다.

실내 공기의 열을 흡수해 실외 공기에 그 열을 운반하는 하나하나의 과정에서는 열이 고온에서 저온으로 전달되지만, 전체적으로 보면 '저온인 실내에서 고온인 실외로 열이 전달'되는 듯이 보인다는 점이 에어컨의 흥미로운 점입니다.

또 에어컨을 난방 모드로 운전할 때는 냉매의 회전을 반대로 해서 실외의 열을 실내로 운반합니다.

열역학 제1법칙은 요컨대 '열을 가한 물체가 가진 에너지는 증가한다' 또는 '일을 한 물체가 가진 에너지는 감소한다'는 내용이므로 다이어트와도 관계가 있는 개념입니다. 이를테면 많은 칼로리(열)를 섭취하면 살이 찐다(몸에 에너지가 쌓인다), 운동(일)을 많이 하면 살이 빠진다(체내의 에너지가 감소한다)라고 해석할 수 있죠.

단, 누군가와 다이어트 이야기를 할 때 저처럼 "열역학 제1법칙에 따르면……" 하고 말을 꺼냈다가는 썰렁한 분위기와 함께 차가운 시선을 받기 십상이니 하지 않는 게 좋습니다.

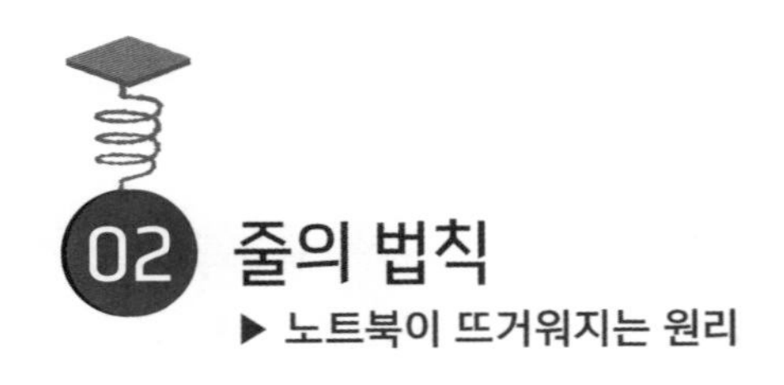

02 줄의 법칙

▶ 노트북이 뜨거워지는 원리

줄의 법칙

전기 저항이 있는 도체에 전류가 흐르면 열이 발생한다.

그 발열량은,

일정 시간 동안 발생하는 열량=저항×(전류)^2

이런 관계로 나타낼 수 있다.

스마트폰으로 영상을 보면 기기가 점점 뜨거워집니다. 또 노트북을 무릎 위에 올려둔 채 장시간 사용해도 견디기 힘들 만큼 뜨거워지죠. 이처럼 전자제품을 장시간 사용해서 뜨거워지는 경우는 일상에서 흔히 경험하는 일입니다. 왜 이런 일이 일어날까요?

제임스 줄의 위대한 발견

이 문제를 실험을 통해 밝혀낸 사람이 영국의 물리학자 제임스 줄(James Prescott Joule, 1818~1889)입니다. 열이나 일을 나타내는 'J(줄)'이라는 단위에 그의 이름이 남아있는 것에서 알 수 있듯이 그는 열에 관한 여러 가지 업적을 남겼습니다.

줄은 정밀한 실험을 거친 뒤 그 결과를 1841년에 발표했습니다. 그 논문에서는 '금속 저항에 전류를 흐르게 했을 때 일정 시간 동안 발생하는 열량은 저항과 전류의 제곱의 곱에 비례한다'는 표현으로 실험 결과를 설명하고 있습니다. 공식으로 나타내면 첫머리에서 소개한 형태가 됩니다.

또 이 **'줄의 법칙(줄의 제1법칙)'**은 전류와 전압에 관한 '옴의 법칙'을 이용해 바꿔 쓸 수 있습니다. 옴의 법칙은,

저항에 걸리는 전압=저항×전류

이므로 이를 줄의 법칙에 적용하면,

일정 시간 동안 발생하는 열량=전압×전류

이렇게 정의할 수 있습니다. 이 식이 더 설명하기 편하므로(저항값을 몰라도 되기 때문에) 이하에서는 이 식을 사용하도록 하겠습니다. 참고로 이처럼 전류가 흘러 발생하는 열을 **'줄 열'**이라고 합니다.

줄의 법칙의 의미

어째서 이런 식이 성립하는지 분위기만이라도 이해해봅시다. '전류가 흐른다'라는 것은, 도선 안을 전자가 움직이고 있다는 뜻입니다. 전기 회로는 비유하자면 '전원에 의해 높은 곳으로 올라간 전자가 점점 낮은 곳으로 미끄러져 내려와* 한 바퀴 돈 다음 원래 높이로 되돌아가는 것'과 같습니다. 그리고 그 '미끄러져 내려오는 부분'이 전기 저항에 해당합니

---

* 여기서 설명한, 도선 안의 전자가 에너지를 운반하는 모델에 한계가 있다는 사실은 잘 알려져 있습니다. 하지만 전원에 의해 에너지가 공급되고, 그 에너지가 최종적으로 열로 바뀐다는 점을 설명하는 데는 문제가 없습니다.

다. 미끄럼틀을 타고 내려오면 마찰 때문에 엉덩이가 뜨거워지듯 전자가 저항(미끄럼틀)을 거쳐 갈 때도 마찰 같은 작용이 있기 때문에 '열'이 발생하죠. 이것이 '줄 열'입니다.

● **전원과 저항으로 이뤄진 전기 회로를 미끄럼틀에 비유하면**

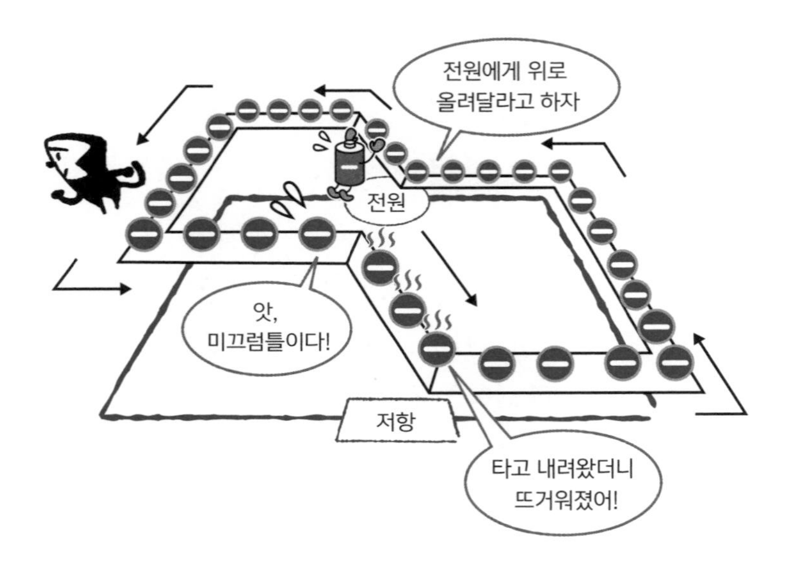

여기서 전압은 '미끄럼틀의 높이', 전류는 '일정 시간 동안 미끄러져 내려오는 전자의 개수'에 비유할 수 있습니다. 미끄럼틀이 높으면 높을수록 많은 열이 발생하며, 미끄러져 내려오는 전자의 개수가 많으면 많을수록 역시 열이 많이 발생합니다. 따라서 '미끄럼틀에서 발생하는 열량은 미끄럼틀의 높이와 전자의 개수에 비례'한다고 예측할 수 있습니다. 그런 까닭에 '열량=전압'이라는 공식이 성립하는 것이죠.

열을 내는 전기 기구에서는 대활약

모든 전기 회로에는 많든 적든 저항이 있기 때문에 전기 기구를 사용할 때는 어쩔 수 없이 줄 열이 발생합니다. 스마트폰이나 노트북이 대표적인 예죠.

한편 가전제품 중에서 '열을 내는 것'이 주목적인 제품에서는 적극적으로 줄 열을 발생시킵니다. 이를테면 토스터, 다리미, 전기담요, 전기주전자 따위가 그렇습니다.

필자의 집에 있는 전기주전자를 뒤집어보면 '소비 전력 1,450W'라고 적혀있습니다. W(와트)는 '1초당 J'로, 그 전기주전자는 '매초 1,450J의 전기 에너지를 소비해서 줄 열로 전환'한다는 의미입니다.

자, 그럼 문제입니다.

'이 전기주전자로 물 1리터를 20℃에서 100℃까지 가열한다면 시간은 얼마나 걸릴까요?'

다음과 같이 어림셈할 수 있습니다.

① 물 1g의 온도를 1℃ 올리려면 4.2J의 열이 필요합니다[이를 물의 **'비열(比熱)'**이라고 합니다].

② 물 1리터(1,000cc)는 1,000g이므로 물 1리터의 온도를 1℃ 올리려면 4.2×1,000=4,200, 즉 4,200J의 열이 필요합니다.

③ 20℃에서 100℃까지 온도를 올린다는 건 온도를 80℃ 상승시킨다는 의미입니다. 따라서 4,200×80=336,000이므로 33만 6,000J이 필요합니다.

④ 필자의 전기주전자는 매초 1,450J의 에너지를 가할 수 있으므로 가

열이 완료될 때까지 걸리는 시간은 336,000÷1,450=231.7…… 그러니까 약 232초, 즉 4분 정도 필요합니다.

제가 실제로 시험해보니 4분 이상, 5분이 조금 안 걸렸습니다. 줄 열의 일부는 실내의 공기 중으로 빠져나가므로 어림셈으로서는 타당한 범위 내 결과입니다.

줄 열의 조금 독특한 이용법

조금 독특한 줄 열의 이용법 두 가지를 소개하겠습니다. 하나는 '퓨즈'입니다. 퓨즈는 전자레인지나 에어컨 실외기 또는 자동차 전기 회로에 달린 작은 금속 부품으로, 고온이 되면 녹아버립니다. 평소에는 일반 도선과 다를 바 없지만 전기 회로에 이상이 생겨 많은 전류가 흐르면 그때 발생한 줄 열로 일부러 퓨즈가 녹아내리도록 되어있습니다. 퓨즈가 녹으면 전기 회로가 끊어지면서 더 이상 전류가 흐르지 못해 전기 회로를 보호할 수 있습니다.

● 전기 회로에서 퓨즈의 역할

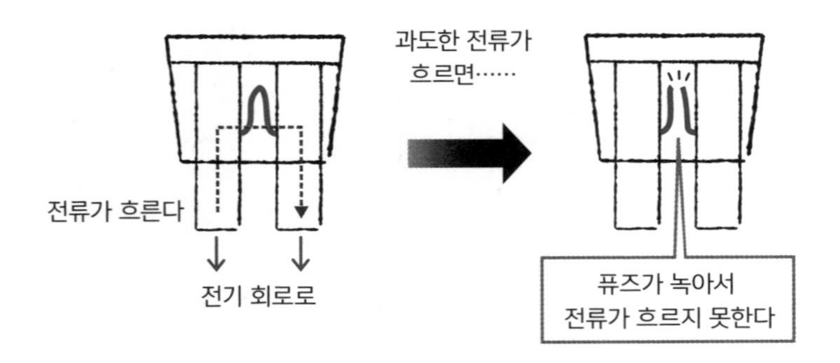

당연히 전기 회로가 차단된 상태이므로 전기 기구를 다시 사용하려면 퓨즈를 교체해야 합니다(스스로 교체할 수 있는 제품도 있지만 고전압 등으로 위험한 경우에는 수리를 맡겨야 합니다).

또 하나는 백열전구입니다. 백열전구는 전기 에너지를 빛으로 바꾸는 도구인데 왜 그렇게 뜨거워질까요? 사실 '물체는 온도에 따라 다른 색의 빛을 낸다'는 법칙이 있습니다(플랑크 법칙, PART 3-05). 백열전구와 같은 색은 수천 ℃의 물체에서 나옵니다. 따라서 백열전구는 먼저 줄 열로 인해 필라멘트가 고온으로 달궈지고, 그 다음 플랑크 법칙에 따라 빛을 내는 원리입니다.

백열전구는 에너지 효율이 낮은 데다 이산화탄소를 대량으로 배출한다는 이유로 일본 정부에서 2008년부터 생산 중지를 요청해, 대기업 제조사에서는 이미 생산이 중단된 상태입니다. 한국에서는 2014년부터 생산과 수입이 중지되었습니다. 그러나 백열전구는 LED나 형광등에 비해 자연스러운 색감을 얻을 수 있다는 이점도 있어서 장식용 같은 특별한 용도를 위한 생산은 아직 계속되고 있습니다.

'전자가 미끄럼틀을 타고 내려와서 엉덩이가 뜨거워진다'는 것이 줄의 법칙입니다만, 단순히 그 열을 '무언가를 따뜻하게 하는' 용도뿐 아니라 아이디어에 따라 다양한 쓰임새로 활용할 수 있습니다.

03 패러데이의 전자기 유도 법칙

▶ 비접촉 상태에서 전기가 흐르는 불가사의

패러데이의 전자기 유도 법칙

어떤 면적을 통과하는 자기선속(자기력선의 개수)이 변동하면,
그 면적의 가장자리를 따라 기전력이 발생한다.
그 크기는 1초당 자기선속의 변화량과 동일하다.

회사에서 집으로 돌아오는 상황을 한번 상상해봅시다. 회사를 나올 때 사원증을 삐–. 지하철역에서 IC교통카드를 삐–. 집에 들어가 어묵을 냄비에 넣고 IH조리기로 보글보글. 그 사이 배터리가 거의 다 닳은 스마트폰을 무선 충전기에 쏙.

이러한 장면들은 사실 '어느 물리 법칙'의 덕을 엄청나게 보고 있습니다. 바로 **'패러데이의 전자기 유도 법칙'**입니다.

자기선속이 변화하면 기전력이 발생한다

전자기 유도 법칙은 '도선 주위에서 자석을 움직이면 전류가 흐르는 실험'이라고 하면 생각이 날 겁니다. 초등·중학교 시절에 실험을 해본 기억이 나지 않나요? 자석을 가지고 놀던 그 현상은 의외로 심오하며, 그 원리는 다음과 같은 내용입니다.

● 0.5초 동안 자기선속이 2개 늘었다 → 4V

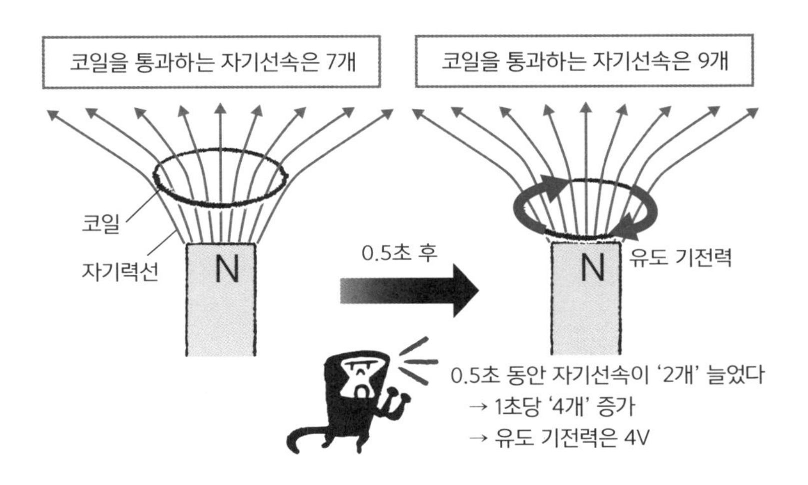

우선 '어느 면적을 통과하는 자기선속'이 무엇인지 정의하겠습니다. 이를테면 한 번 감은 도선(코일이라고 합니다)이 공중에 있고, 그 근처에 막대자석이 있다고 합시다. 막대자석의 N극이 주위에 미치는 자기력은 '자기력선'이라는 선으로 표현되며, 자석에 가까울수록(즉, 자기력이 강할수록) 자기력선은 밀집하는 성질이 있습니다. 그리고 '코일을 통과하는 자기력선의 수'를 '코일을 통과하는 자기선속'이라고 합니다.

이 자기선속 값이 변화할 때, 코일을 따라 '전류를 흐르게 하는 힘'이 발생합니다. 이 힘을 '**유도 기전력**'이라고 하며, 유도 기전력으로 인해 흐르는 전력을 '**유도 전류**'라고 합니다.

전자기 유도 법칙은 '유도 기전력의 크기는 매초 자기선속의 변화량과 동일하다'는 법칙입니다. 또 유도 기전력의 단위는 'V(볼트)'입니다. 전지의 전압과 같은 단위라는 사실에서 알 수 있듯이, 전자기 유도 법칙은 다시 말해 '코일 내 자기선속이 변화하면 코일을 따라 기전력이 발생'*함을 나타냅니다.

따라서 앞 페이지의 그림처럼 0.5초 동안 자기선속(코일 내 자기력선의 수)이 2개 증가한 경우, 1초당 자기선속 변화량은 4개가 되므로 '4V의 유도 기전력이 발생'하게 됩니다. 이는 자석을 움직인 경우나 반대로 코일을 움직인 경우 모두 마찬가지입니다.

비접촉 IC카드의 원리

지하철역 개표구나 회사 입구에서 갖다 대면 문이 열리는 '그 카드'는 '비접촉 IC카드'라고 통칭되는데, 사실 그 내부에서는 전자기 유도 법칙이 큰 활약을 하고 있습니다.

이 카드의 내부는 한마디로 '코일과 접촉된 IC칩'이라는 구조입니다. IC칩이란 요컨대 '복잡한 계산을 하기 위한 전자 회로'로, 전류가 흐르지 않으면 기능을 발휘할 수 없습니다. 그런데 이 카드에는 전지가 없습니다. 전지 없이 어떻게 IC칩을 작동시킬까요? 여기서 등장하는 것이 카드를 읽는 '카드 판독기'입니다. 사실 판독기에서는 규칙적으로 변동하는 자계(磁界)가 늘 발생합니다. 거기에 카드를 갖다 대면 카드 코일을 통과하는 자기선속 값이 규칙적으로 변동합니다. 따라서 이 코일에 유도 기

* 이 '코일을 따라 발생하는 기전력'은 코일이 없어도 발생합니다. 151쪽의 식③에서 소개하는 '자기장이 변화할 때 그것을 둘러싸듯 발생하는 전기장'입니다.

전력이 발생해 유도 전류가 흐릅니다. 그 전류가 IC칩으로 흘러들어 소정의 계산(카드 잔액에서 요금을 차감하는 일 따위)을 실행하는 것이죠.

자기력선이 코일을 통과하지 않으면 전자기 유도는 일어나지 않으므로 판독기에 카드의 넓은 면을 수평으로 갖다 대야 한다는 점도 알 수 있습니다.

● **전자기 유도 법칙을 이용하는 비접촉 IC칩**

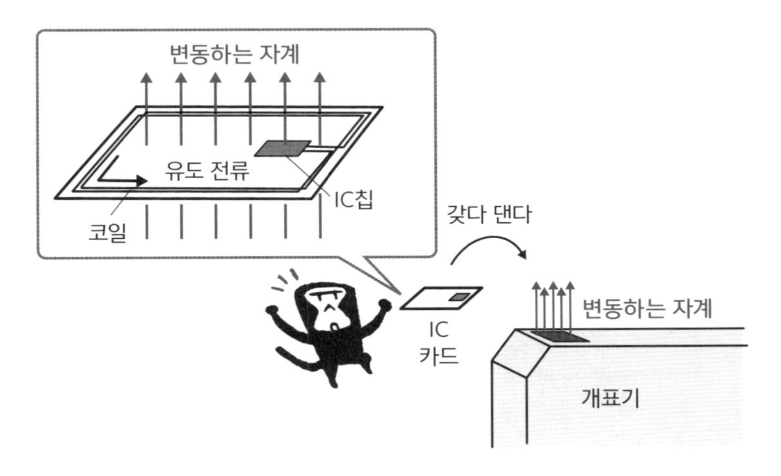

IH조리기와 무선 충전기

유도 기전력으로 발생한 유도 전류를 '줄의 법칙'에 따라 열(줄 열)로 변환해서 음식을 가열하는 데 이용하기도 합니다. 그 원리를 응용한 대표적인 제품이 인덕션 히터라고도 불리는 IH조리기입니다.

알다시피 IH조리기는 그다지 뜨겁지 않습니다. 줄 열을 IH조리기로 발생시키는 것이 아니라 냄비로 발생시키기 때문이죠.

IH조리기에서는 아래의 그림처럼 자계가 나오며, 이 자계가 규칙적으로 변동합니다. 어라? 비접촉 IC카드 판독기와 흡사하군요. 그곳에 금속 냄비를 올려두면 냄비 바닥을 통과하는 자기선속 값이 규칙적으로 변동하므로 냄비 바닥에 유도 기전력이 발생해 유도 전류가 흐릅니다. 비접촉 IC카드와 동일한 원리죠. 그리고 냄비 바닥을 흐르는 전류는 줄 열로 변환돼 냄비가 점점 뜨거워집니다. 참고로 IH란 '인덕션 히팅(Induction Heating)'의 약자로, '인덕션'은 '유도'라는 뜻입니다. 즉, IH조리기란 '전자기 유도로 가열하는 조리기구'를 의미합니다.

● **IH조리기는 비접촉 IC칩과 같은 원리**

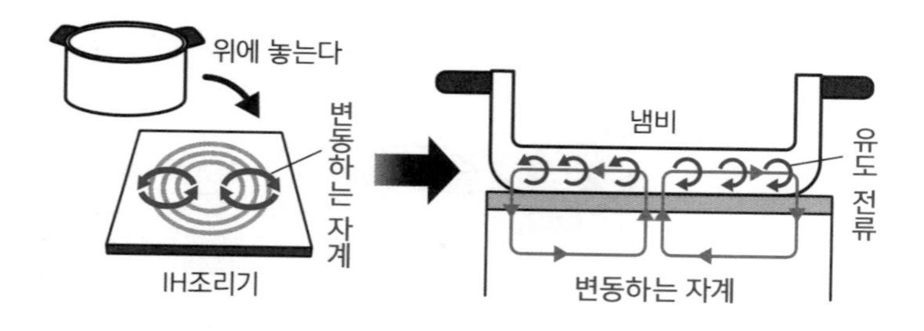

같은 원리로 유도 전류를 열로 변환하지 않고 전지에 모아두면 어떻게 될까요? 맞습니다. 충전이 가능합니다. 이것이 스마트폰 무선 충전기의 원리입니다.

이처럼 변동하는 자계가 코일(또는 냄비 바닥)을 관통하면서 발생하는 유도 전류를 계산에 사용하면 IC카드, 줄 열로 변환하면 IH조리기, 전지에 모아두면 무선 충전기라고 합니다.

이와 같이 우리 주변의 편리한 도구에는 전자기 유도 원리가 적용된 경우가 제법 많습니다. 사실 가정용 전기를 발전하는 원리도 전자기 유도입니다. '혹시 이것도?' 하고 주위를 한번 살펴보세요. 어디선가 또 다른 재미있는 발견을 할지도 모릅니다.

04 퀴리 온도

▶ 전기밥솥으로 밥을 짓는 원리

퀴리 온도

강자성체는 어느 온도를 넘으면 상자성체로 변화한다.

이 온도를 퀴리 온도라고 한다.

하드 디스크, 전동기, 냉장고, 전자레인지……. 이렇듯 자석은 현대의 전기 기구에서는 없어서는 안 될 존재입니다. 자석의 작용이라 하면 물론 철 따위의 재질이 달라붙게 하는 것인데, 세상에는 '자석에 달라붙지 않게 되면 작동하는' 색다른 원리의 기구도 있습니다.

가까운 예로 '전기밥솥'을 소개하겠습니다. 전기밥솥의 바닥에는 페라이트라는 산화철을 주성분으로 한 물질이 장착되어 있습니다. 페라이트는 철과 마찬가지로 자석에 들러붙는 성질이 있습니다. 취사 중에는 자석이 페라이트에 붙어있지만, 취사가 끝나면 페라이트는 '자석에 들러붙는 성질'을 잃어 자석이 떨어집니다. 자석이 떨어지면 취사가 종료됐다는 신호죠. 이것이 전기밥솥의 원리입니다. 페라이트는 왜 자석에서 떨어져 나가는 걸까요?

물질이 지닌 세 가지 '자성'이란?

물질을 구성하는 원자 하나하나는 말하자면 나침반처럼 작은 자석의 성질을 지니고 있습니다. 이를 가리켜 **'원자 자석'**이라고 하기도 합니다. 원자는 온도에 따라 변칙적 열운동을 하므로(PART 1-06) 원자 자석의 방향도 보통 무작위입니다. 외부에서 자석을 가까이 대면 원자 자석의 방향이 한곳으로 모일 듯싶지만 반드시 그렇지는 않습니다. 외부에서 자석을 접근 시켰을 때 원자 자석의 대표적 반응은 '상자성', '강자성', '반자성'이라는 세 가지 유형이 있습니다.

'상자성(常磁性)'이란 외부에서 자석을 갖다 대면 그 자석의 자기력선과 같은 방향으로 원자 자석의 방향이 약간 정렬하는 성질입니다. 알루미늄과 망간이 이 성질을 지니고 있으며 '상자성체'라고 합니다. 가까이 댄 자석과 원자 자석의 방향이 약간 정렬하므로 상자성체는 자석에게 살짝 끌려갑니다. 단, 이 힘은 매우 약해서 일반적으로 상자성체는 '자석에 들러붙는다'고 하지는 않습니다. 상당히 주의 깊게 실험을 해보면, 알루미늄으로 만든 동전이 자석에 끌려가는 모습이 관찰되기는 하지만 자석에 들러붙는다고 할 수는 없는 정도입니다.

'강자성(强磁性)'은 외부에서 가까이 댄 자석의 자기력선과 같은 방향으로 원자 자석이 일제히 정렬되는 성질입니다. 철, 코발트, 니켈, 페라이트 등이 이 성질이며 '강자성체'라고 합니다. 원자 자석이 정렬돼 있을 때는 강자성체 자체가 강한 자석이 된 셈이므로 가까이 댄 자석에게 끌려갑니다. 철 따위가 자석에 들러붙는 현상도 이 원리입니다.

덧붙이자면, 강자성체에 갖다 댄 자석이 충분히 강한 경우에는 그 자석을 제거해도 원자 자석의 정렬된 상태가 지속됩니다. 이러한 강자성체를 '영구 자석'이라고 합니다. 냉장고에 메모지를 붙일 때 쓰는 자석이 바로 이 영구 자석입니다.

'반자성(反磁性)'은 상자성의 반대로, 외부에서 갖다 댄 자석의 자기력선과 반대 방향으로 원자 자석이 약간 정렬되는 성질입니다. 동, 은, 금, 물, 흑연 등이 이 성질을 지니고 있습니다. 이러한 물질(반자성체)은 자석으로부터 약한 반발력을 받습니다. 이 반발력도 매우 약한 탓에 관찰하기가 쉽지 않아 일상에서 느끼는 경우는 드뭅니다.

● **상자성, 강자성, 반자성의 차이**

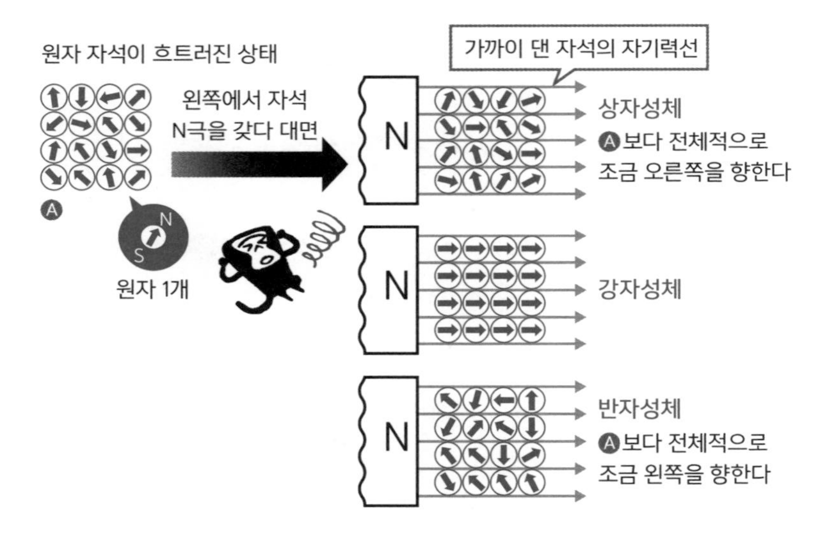

고온이 되면 성질이 바뀌는 강자성체

강자성체의 온도가 올라가면 원자의 열운동이 거세집니다. 열운동은 특정한 방향이 아닌 무작위 운동이므로, 온도가 올라가면 외부에서 자석을 가까이 댔을 때 원자 자석이 정렬하기 힘들어집니다. 그리고 어느 온도를 넘으면 외부에서 자석을 갖다 대도 원자 자석이 정렬하지 않아 상자성으로 성질이 바뀝니다. 이 온도를 '퀴리 온도(또는 퀴리점)'라고 합니다.

퀴리 온도는 물질에 따라 다른데, 예컨대 철은 약 770℃, 니켈은 약 350℃입니다. 따라서 자석에 붙인 철제 클립을 가스버너로 770℃까지 가열하면 클립(철)이 상자성체로 바뀌어 자석에 붙지 않게 됩니다. 가열을 멈춰 클립의 온도가 퀴리 온도 이하가 되면 다시 강자성체로 돌아와 자석에 붙습니다.

이 실험을 하는 경우에는 자석은 가능한 한 가열하지 않도록 합니다. 자석 자체가 퀴리 온도를 넘으면 자석이 상자성체가 되면서 자기력을 잃기* 때문입니다.

전기밥솥이 가열을 멈추는 원리

앞서 설명했듯이 일부 전기밥솥은 솥바닥에 페라이트가 달려있어 스위치와 연결된 자석을 달라붙게 하는 구조로 만들어졌습니다(다음 페이지의 그림 참조). 취사 중에는 솥 안에 물이 있으므로 솥의 온도는 100℃까지만 상승합니다. 그러나 취사가 진행돼 수분이 사라지면 솥의 온도가 100℃를 넘으므로 적당한 때에 가열 스위치를 꺼야 합니다.

그럴 때 도움이 되는 것이 페라이트의 퀴리 온도입니다. 페라이트는 재료 배합에 따라 퀴리 온도를 다양하게 조절할 수 있으므로 적당한 때에 페라이트가 강자성을 잃도록 퀴리 온도를 설계합니다. 밥솥 바닥의

---

* 자석을 퀴리 온도 이하로 식히면 '강자성'은 되살아나지만 자기력은 회복되지 않습니다. 원자 자석의 방향이 뒤죽박죽되기 때문이죠. 자기력을 회복하려면 다른 자석을 이용해야 합니다.

온도가 특정한 값이 됐을 때 페라이트가 강자성을 잃고 용수철의 힘에 의해 자석이 떨어져 나가면서 가열 스위치를 끄는* 방식이죠.

이처럼 강자성이라는 성질을 잃게 함으로써 기능을 발휘한다는 발상이 참 독특합니다.

● **전기밥솥은 자석의 퀴리 온도의 차이를 이용한다**

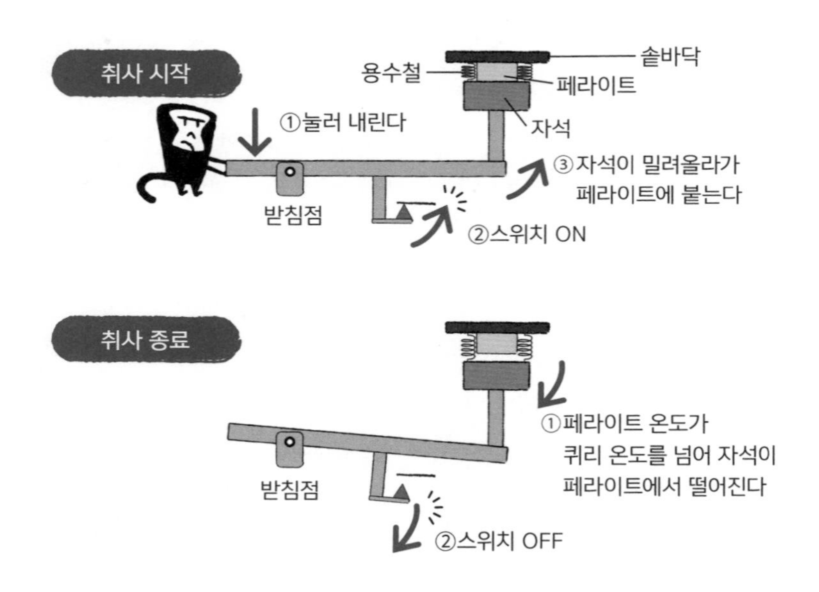

---

* 자석의 퀴리 온도는 페라이트의 퀴리 온도보다 훨씬 높습니다. 그렇게 설계해두면 온도가 페라이트의 퀴리 온도를 넘어도 자석의 퀴리 온도에는 미치지 못하므로 자석이 자기력을 잃을 일은 없습니다.

05 플랑크 법칙

▶ 색깔을 통해 온도를 알 수 있다면 멀리 있는 항성의 온도도 알 수 있다!

플랑크 법칙

모든 빛을 반사하지 않고 흡수하는 물체(흑체)는 온도에 따라 전자기파를 방출한다. 온도가 높을수록 스펙트럼의 첨두 파장은 짧아지고 세기는 커진다.

액정 모니터나 프로젝터의 색상을 조절할 때 '색 온도'라는 항목이 나오는 경우가 있습니다. 색에 온도가 있을 리도 없을 텐데 대체 무슨 소리일까요? 여기에도 물리 법칙이 숨어있습니다.

색은 온도에 따라 변한다

세상의 물체는 저마다 색깔을 지니고 있습니다. 색은 계속 변하지 않을 거라 생각하기 쉽지만 제철소에서는 예로부터 '온도에 따라 색이 변한다'고 알려져 있습니다. 용광로에 철광석을 넣어 가열해 녹이면 온도가 낮을 때는 붉은색을 띠다가 온도가 높아지면 조금 노랗게 변합니다. 예전에는 작은 창으로 새어나오는 빛을 보고 기술자가 감으로 온도를 판단

했다고 합니다.

하지만 이 방법은 아무래도 불편합니다. 그래서 몇 명의 과학자가 이 문제를 해결하기로 했습니다. 온도와 색의 관계를 알기 위해서 아예 색이 없는 물체, 즉 새까만 물체가 방출하는 빛에 대해 연구를 했죠. '새까만데도 빛을 내나?' 하는 의문이 들겠지만 새까맣다는 것은 '외부로부터 오는 빛을 일절 반사하지 않는다'는 의미로, 온도를 높이면 어떤 빛을 내기도 합니다(녹은 철처럼).

● 용광로와 흑체가 거의 흡사함을 나타내는 개념도

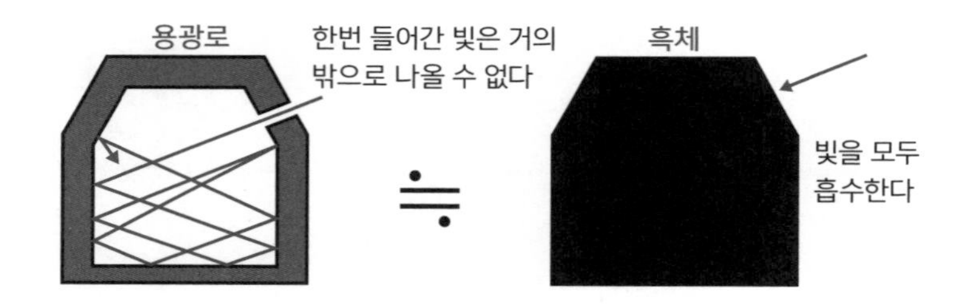

받은 빛을 모두 흡수하는 이 '새까만 물체'를 전문용어로 **'흑체'**라고 합니다(현실에서 완전한 흑체는 존재하지 않지만 숯 등이 비교적 흑체에 가까운 성질을 지니고 있습니다).

또 흑체가 내는 빛을 **'흑체 복사'**라고 합니다. 덧붙이자면, 용광로처럼 용기의 크기에 비해 아주 작은 구멍밖에 없는 경우, 한번 그 구멍으로 들어간 빛은 거의 밖으로 나오지 못합니다. 따라서 용광로는 거의 흑체*

---

* 작은 구멍이 뚫린 용기(용광로 따위) 안에 가득 찬 빛은 전문용어로 '공동 복사'라고 하며, 흑체 복사와 거의 같은 의미로 취급합니다.

로 간주합니다. 그러므로 흑체 복사의 연구 결과는 그대로 용광로의 빛에 적용할 수 있습니다.

실험 결과를 재현한 플랑크 법칙

● 온도와 복사 에너지의 관계

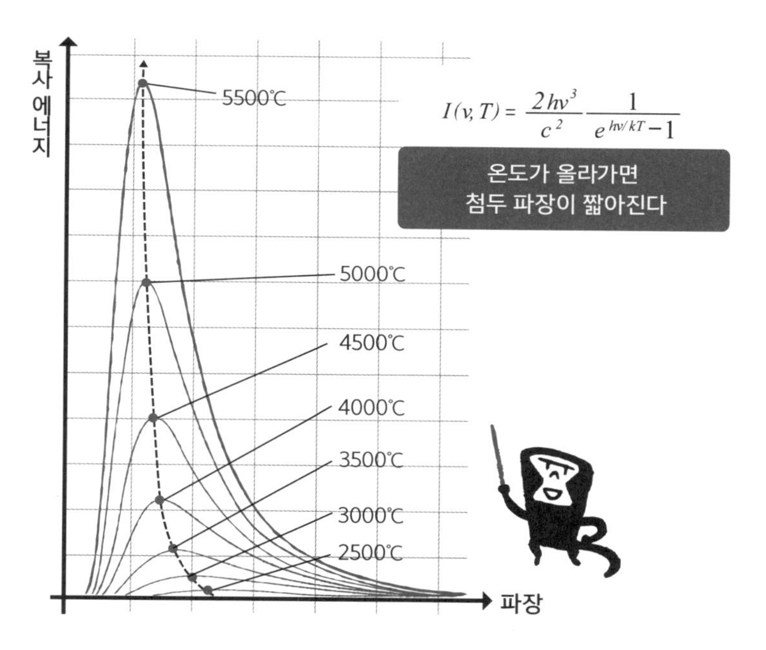

흑체 복사의 스펙트럼(파장별 복사 에너지) 측정 결과를 제대로 재현하기 위해서 '빈의 변위 법칙'과 '레일리-진스 법칙'이 제안됐으나, 두 법칙 모두 좁은 파장 영역에서만 실험 결과를 재현할 수 있었습니다.

최종적으로 실험 결과를 재현해낸 것은 독일의 물리학자 막스 플랑크(Max Planck, 1858~1947)가 1900년에 발견한 **'플랑크 법칙'**이었습니다. 식으로 표현하면 다소 복잡해지므로 그래프로 대강 분위기를 파악해봅시다.

앞 페이지의 그림처럼 온도에 따라 스펙트럼의 형태가 다릅니다. 주로 두 가지 특징이 있는데, 하나는 온도가 높아지면 스펙트럼의 첨두(복사 에너지가 가장 커지는 파장)가 단파장 쪽으로 옮겨간다는 점입니다. 이는 용광로의 특징(온도가 낮을 때는 파장이 긴 붉은색이 많이 나오고, 온도가 올라가면 파장이 짧은 노란색으로 변하는 것)을 잘 나타내고 있습니다.

또 하나는 온도가 높아지면 복사 에너지가 커진다는 점입니다.

빛의 색깔로 온도를 알 수 있다

현실 세계에서는 완벽한 흑체가 거의 존재하지 않지만, 반대로 모든 빛을 반사하는 물질도 존재하지 않습니다. 즉, 많든 적든 모든 물체는 흑체와 같은 성질을 지니고 있습니다. 따라서 물체가 복사하는 빛의 색을 측정할 수 있다면 물체의 온도를 어느 정도 가늠할 수 있습니다. 용광로의 불 빛깔을 통해 온도를 가늠하는 것과 마찬가지죠.

이를테면 태양 같은 별은 거의 흑체로 간주합니다. 따라서 별의 색을 보면(구체적으로는 별의 빛스펙트럼을 관측하면) 별의 '표면 온도'를 알 수 있습니다. 베텔게우스처럼 붉은 별은 온도가 낮고(2,000~3,000℃ 정도), 태양처럼 노란 별은 중간 정도(6,000℃ 정도), 리겔처럼 푸르스름한 별은 좀 더 고온(1만 ℃ 정도)입니다. 백열전구의 필라멘트에서 내는 빛도 마찬가지입니다(PART 3-02). 좀 더 높은 온도, 가령 1,000만 ℃ 정도가 되면 흑체 복사의 첨두는 가시광선보다 훨씬 짧은 X선 부근이 됩니다(가시광선이나 X선은 모두 '전자기파'에 속함, PART 1-01).

'액정 모니터의 색 온도'는 이와 반대로 모니터의 색조를 결정하기 위해 온도 값을 설정하는 기능입니다. 설정한 온도의 흑체 복사로 나오는 빛의 색깔로 모니터에 영상이 표시되죠. 그래서 색 온도를 높이면 화면은 푸른빛을 띠고, 색 온도를 낮추면 붉은빛을 띱니다.

서모그래피의 원리

또 흑체 복사의 '온도가 높을수록 밝아지는' 성질을 이용하면 밝기(관측자가 본 각 부분의 밝기)를 통해 온도를 알 수 있습니다.

이러한 원리를 이용한 기구로는 '서모그래피'가 있습니다. 텔레비전에서 가끔 소개하기도 하는데, 서모그래피로 인체를 보면 온도가 높은 곳은 붉은색, 온도가 낮은 곳은 파란색으로 표시됩니다.

물론 인체가 붉은빛, 파란빛을 내는 것은 아닙니다. 일반적으로 인체의 표면 온도는 35℃ 정도인데, 이 정도 온도에서 흑체 복사의 첨두는 가시광선보다 길어 적외선 부근에 옵니다(가시광선이나 적외선 모두 '전자기파'의 일종입니다).

다시 말해, 인체에서는 주로 적외선이 복사된다는 뜻입니다. 서모그래피는 그 적외선의 강도를 측정해 밝기에 따라 온도를 결정한 뒤 화면에 색깔로 표시합니다.

이처럼 모든 물체는 온도에 따른 빛(전자기파)을 복사하므로 플랑크 법칙은 우리 주변에 넘쳐나고 있습니다. 플랑크 자신도 몰랐던 듯싶지만 이 법칙은 훗날 '양자역학' 시대의 막을 올리기에 이릅니다.

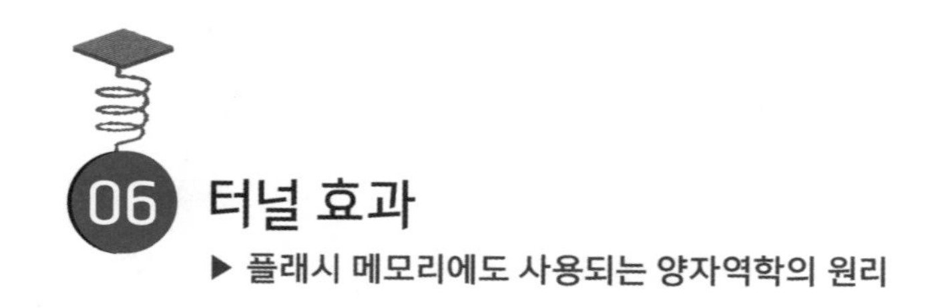

06 터널 효과

▶ 플래시 메모리에도 사용되는 양자역학의 원리

터널 효과

전자 같은 입자는 파동의 성질을 가진다.

에너지적으로 넘을 수 없는 장벽이 있어도 장벽 너머로

이 파가 밀려나오면 어떤 확률로 입자는 장벽을 통과할 수 있다.

일상적인 데이터를 주고받는 데 편리한 USB 메모리와, 디지털 카메라나 스마트폰의 기억 매체로 자주 쓰이는 SD 카드. 이 흔해빠진 기기 속에 참으로 희한한 '양자역학의 세계'가 펼쳐져 있습니다. 이른바 **'터널 효과'**라는 현상인데, 대체 어떤 것일까요?

전자는 입자인 동시에 파동이다?

USB 메모리나 SD 카드 따위를 통칭해 '플래시 메모리'라고 합니다. 플래시 메모리 내부의 핵심은 전자입니다. 우선 전자가 지닌 양면성에 대해 자세히 알아봅시다. 다음과 같은 내용이 양자역학의 틀 안에서 이해되고 있습니다.

먼저 '전자는 입자다'라는 말에 의문을 품을 사람은 거의 없으리라 봅니다. 중·고등학교 시절 물리와 화학시간에 '전자는 음전하를 가진 가벼운 입자'라고 배우기 때문입니다. 이런 전자가 파동의 성질을 가진다는 사실을 보여주는 실험 결과가 적지 않습니다. 유명한 실험으로는 아래 그림의 '이중 슬릿 실험'이 있습니다.

● **이중 슬릿 실험**

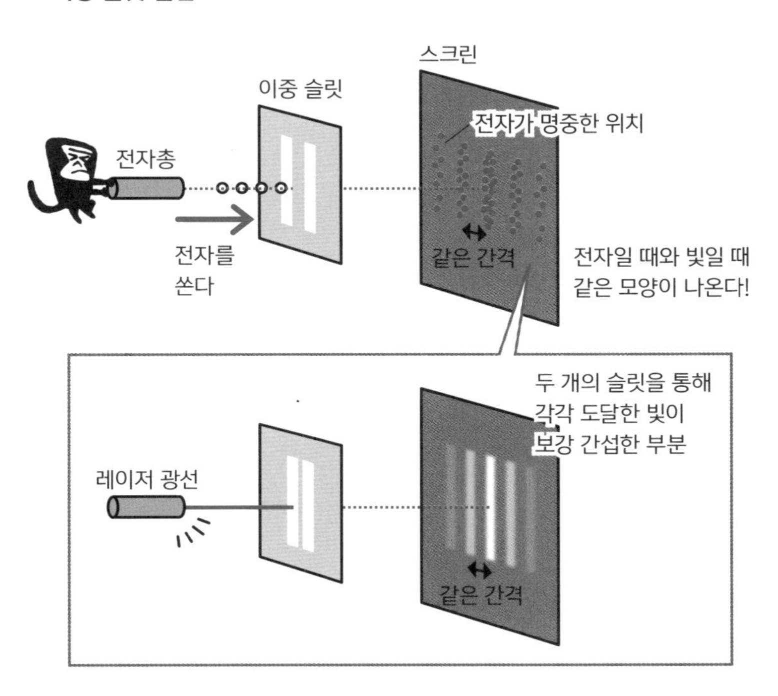

전자를 쏘는 '전자총' 앞에 좁은 간격으로 배치된 두 개의 틈(이중 슬릿)이 있는 벽을 두고, 그 앞에 스크린을 설치합니다. 전자가 스크린에

명중되면 그곳에 작은 '흔적'이 남는 실험이죠.

자, 전자를 이중 슬릿을 향해 여러 개 발사하면 스크린 위에는 어떤 모양이 생길까요? 상식적으로 생각하면, 전자는 슬릿 뒤쪽의 두 군데에 집중적으로 명중될 것이고 때문에 슬릿과 같은 형태의 흔적이 남아있을 터입니다. 그런데 실제로는 슬릿과 슬릿 사이 공간에 가장 많은 전자가 명중되었으며, 같은 간격의 여러 줄무늬가 펼쳐집니다.

이와 동일한 상황에서 이중 슬릿을 향해 레이저 빛을 쏜 경우에도 줄무늬를 볼 수 있습니다. 이 현상은 왼쪽 슬릿을 통과한 빛과 오른쪽 슬릿을 통과한 빛이 중첩돼 보강 간섭한 부분은 밝아지고, 상쇄 간섭한 부분은 어두워진 결과입니다(PART 1-01에서 설명한 '빛의 간섭' 그 자체입니다).

전자도 같은 모양이 생기므로 이것이 '전자는 파동'이라는 의미일까요? 전자는 음전하를 가지고 있으니 돌아다니는 수많은 전자들끼리 서로 반발력이 작용해 우연히 그런 모양이 나타난 것은 아닐까요? 이는 당연한 의문이기는 하지만 전자를 한 개씩 발사해 스크린에 명중시키고 나서 다음 전자를 발사하는 식의 실험에서도 역시 결과는 완전히 일치했습니다. 즉, 전자는 단 한 개라도 파동의 성질을 지니고 있습니다.

이 '전자의 파동'은 '진폭이 큰 부분에 전자가 존재할 확률이 높다'는 성질이 있습니다. 앞선 이중 슬릿 실험에서도 두 개의 슬릿을 통과한 '전자의 파동'이 보강 간섭하는 부분(진폭이 커지는 부분)에 전자가 많이 명중됐습니다. 이는 파동이 보강 간섭하는 부분에 전자가 존재할 확률이 높기 때문입니다. 또 전자 이외의 입자(양자나 중성자 따위)도 마찬가지로 파동의 성질*을 지니고 있습니다.

● **전자가 벽을 통과하는 '터널 효과'**

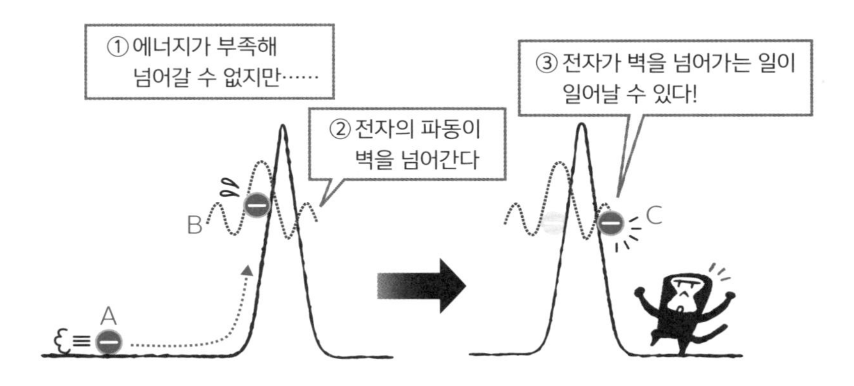

전자는 높은 장벽도 통과할 수 있다!

파동의 성질로 인해 전자가 '높아서 넘어갈 수 없는 벽을 빠져나가는' 놀라운 현상이 일어납니다. 위의 그림에서 보듯이, 보통 에너지가 부족해서 A~B까지밖에 못 오르는 물질이라도 전자의 파동이 벽 너머로 조금 비어져 나오는 경우가 있습니다. 그러면 어느 순간 전자가 벽 너머(C)에 슥 나타납니다. 이 현상을 **'터널 효과'**라고 합니다.

플래시 메모리의 내부에서도 똑같은 일이 일어나고 있습니다. 플래시 메모리 안에 데이터를 보존하는 부분에는 반도체 기판 위에 절연체에 둘러싸인 '플로팅 게이트'라는 부분이 있습니다. 그 위에 있는 '컨트롤 게이트'가 전압을 이용해 플로팅 게이트의 전자를 제어해 정보를 기록하거나

* 전자의 파동은 사방으로 퍼지려는 성질이 있는데, 스크린에 충돌하는 등 관측 행위를 하면 전자의 존재 위치가 공간상의 한 점으로 확정됩니다. 파동의 진폭이 큰 위치에 전자가 관측될 확률이 높습니다.

삭제합니다.

● **터널 효과를 이용한 플래시 메모리**

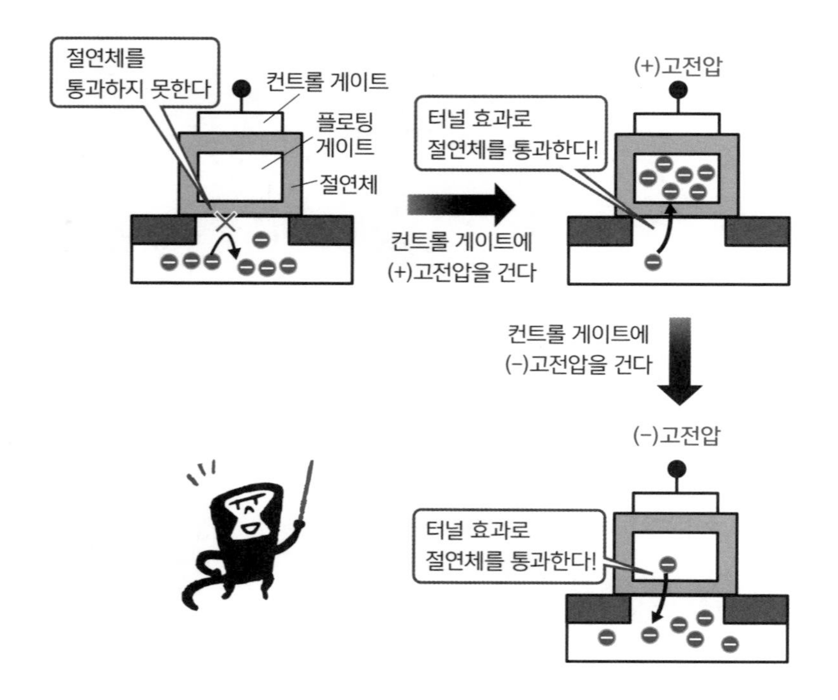

기판 안에 있는 전자는 평상시에는 이 절연체를 통과할 수 없습니다. 그러나 그 위에 있는 컨트롤 게이트에 높은 양(+)전압을 걸면 터널 효과가 일어나 전자는 플로팅 게이트에 슥 파고듭니다. 그 다음 전압을 끊으면 전자는 플로팅 게이트에서 나오지 못하므로 정보는 계속 보존됩니다. 전자를 풀어주고 싶을 때는 컨트롤 게이트에 높은 음(−)전압을 걸어 다시 터널 효과를 일으키면 됩니다.

보통 플로팅 게이트에 전자가 있는 상태를 '0', 전자가 존재하지 않는 상태를 '1'에 대응시켜 정보를 기록합니다. 이처럼 전압을 걸어 플로팅 게이트의 전자를 제어함으로써 정보를 기록하거나 삭제하죠. 또 전압을 끊으면 전자는 그 자리에 머물러 있으므로 정보는 보존됩니다. 이런 식으로 플래시 메모리는 기록 매체의 역할을 해내고 있습니다.

양자역학이라고 하면 일상생활과는 무관하다고 생각하기 쉽지만 플래시 메모리를 비롯해 IC칩 등 반도체 회로가 장착된 수많은 가전제품 안에서 활약하고 있습니다.

PART 4

우리의 생활 기반을 지탱하는 물리

01 맥스웰 방정식

▶ 휴대전화, 텔레비전, 라디오 전파의 원리

맥스웰 방정식

전기장과 자기장의 성질은 ①전기장의 발산, ②자기장의 발산, ③전기장의 회전, ④자기장의 회전을 각각 나타내는 네 개의 방정식으로 정리할 수 있다.

휴대전화, 텔레비전, 라디오 등등의 이 기기들은 기지국에서 발신한 전파를 받아 통화를 하거나 영상이나 음성을 수신합니다. 그밖에도 에어컨이나 차고 문의 개폐, 최근에는 변기까지 무선 리모컨으로 작동합니다. 이렇게 우리 생활과 밀접해진 무선 통신 기술. 그 원리는 어떤 것일까요?

근본은 네 개의 방정식

전파나 적외선은 '전자기파'라는 파동의 종류입니다. 전자기파는 '전기장'과 '자기장'이 진동하며 동시에 전달되는 파동을 말합니다.

자기장은 간단히 말하면 자기력선*입니다. 한편 **전기장**은 말하자면 '자기장의 전기 버전'으로, '전기력선'이라는 선으로 표현됩니다. 전기력선의 방향으로 양전하가 힘을 받고, 전기력선의 반대 방향으로 음전하(전자 따위)가 힘을 받죠.

● **전기장, 자기장이란?**

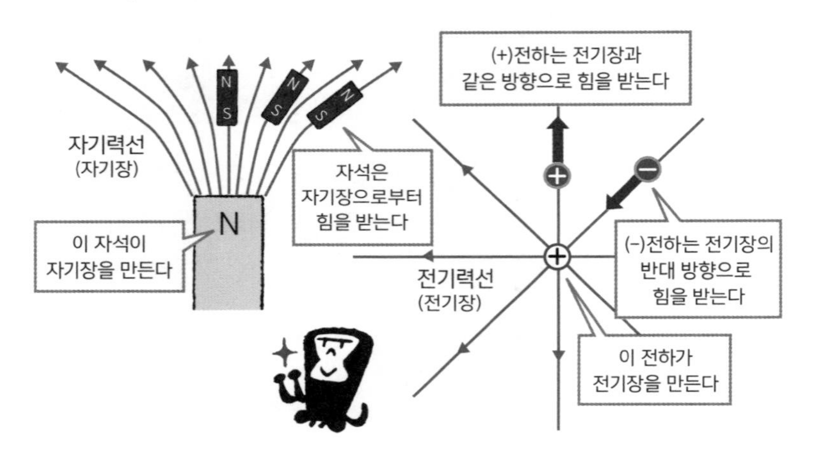

이 전기장과 자기장의 성질을 결정하는 방정식이 바로 **'맥스웰 방정식'**이라는 네 개의 방정식입니다. 이 방정식은 상당히 어려운 기호로 적혀있습니다. 식이 어렵다는 이유로 책에 싣지 않는 것도 이상하니 여기에 소개하겠습니다.

E는 전기장, B는 자기장의 세기를 나타냅니다. ε_0은 **진공 유전율**, μ_0은 **진공 투자율**이라고 하는 상수입니다.

---

* '자기장=자기력선'이라고 하는 것은 조금 쉽게 풀어쓴 표현입니다. 좀 더 정확히 말하면, 자기력선으로 표현되는 '자기력을 움직이는 힘의 세기와 방향'을 '자기장'이라고 합니다.

● **맥스웰의 네 개의 방정식**

$$① \ \mathrm{div}E = \frac{\rho}{\varepsilon_0} \qquad ② \ \mathrm{div}B = 0$$

$$③ \ \mathrm{rot}\,E = -\frac{\partial B}{\partial t} \qquad ④ \ \mathrm{rot}\,B = \mu_0\varepsilon_0\frac{\partial E}{\partial t} + \mu_0 j$$

①, ②에 나오는 div(divergence, 디버전스)는 '발산'이라는 의미로, 가령 식①은 E(전기장)에 관한 식인데, '전기장의 발산(divE)은 p(전하 밀도)에 비례'함을 의미합니다. 전하(전기)가 있는 곳에서 전기력선이 발산한다(방사상으로 퍼져 나간다=옆 페이지 그림 참조)는 것이죠.

식②는 B(자기장)에 관한 식으로 '자기장의 발산(divB)은 제로'라는 의미입니다. 제로라 함은 '자하(磁荷)'가 존재하지 않는다, 즉 자석의 N극 혹은 S극만 따로 골라낼 수 없다는 의미입니다. 자석은 반드시 한쪽이 N극이고 다른 한쪽은 S극이며, N극 혹은 S극만 있는 자석은 존재하지 않는데, 그 내용을 식으로 보여주고 있죠.

참고로 N극 혹은 S극만 가진 입자는 '절대로 존재하지 않는다!'고 단정 지을 수는 없으며, 아직 발견한 사람이 없을 뿐입니다. 그러한 입자는 **'자기 홀극'**이라고 해서, 일종의 이론상으로는 예측하고 있습니다. 식②는 그 '누구도 발견한 적이 없다'라는 경험칙을 표현한 식입니다.

식③, ④의 방정식에 나오는 rot(rotation, 로테이션) 기호는 '회전의 세기'를 나타냅니다. 이를테면 전기력선이 빙그르르 한 바퀴 돌고 있는 상황이 '회전'입니다. ∂●/∂t는 '●의 시간 변화율'이라는 의미입니다.

따라서 식③은 '전기장의 회전 세기(rotE)'는 '자기장(B)의 시간 변화율과 같다'는 의미입니다. 그리고 마이너스는 방향을 나타내고 있을 뿐이니 지금은 신경 쓰지 않아도 됩니다.

식④는 복잡합니다. '자기장의 회전 세기(rotB)는 전기장의 시간 변화율로 결정되는 부분과 j(전류)로 결정되는 부분의 합계'라는 의미입니다.

또 아래의 그림을 보면 식③은 사실 패러데이의 전자기 유도 법칙을 나타내고 있음을 알 수 있습니다(127쪽 그림과 흡사합니다). 자기장이 변화하면 그것을 둘러싸듯 전기장이 발생하므로, 그 전기장에 의해 전자가 움직이면 전류가 흐르죠. 비접촉 IC카드(PART 3-03)의 원리가 바로 그 예입니다.

● 네 개의 방정식의 의미를 그림으로 풀어보면……

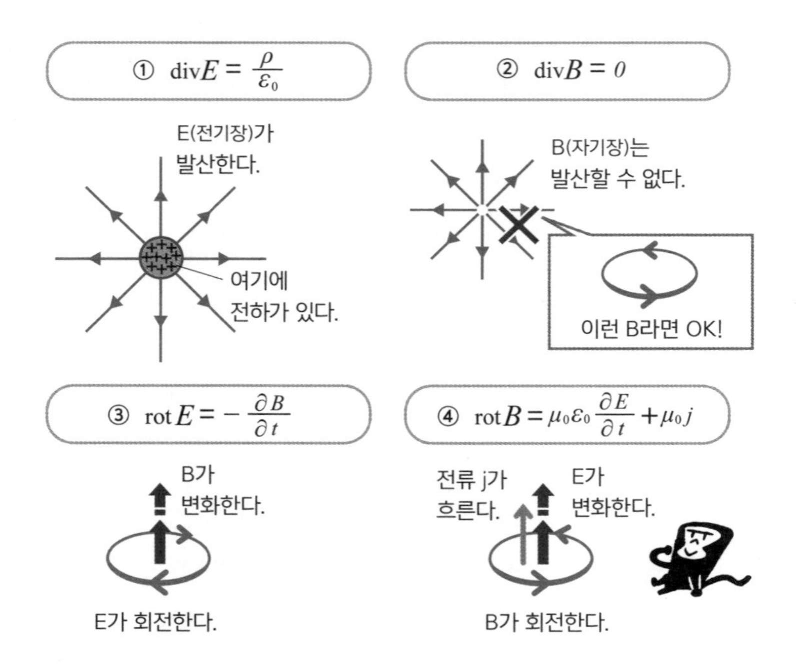

전자기파가 공간을 전파하는 것을 예언하다!

처음에는 식④에 '∂E/∂t'라는 항이 없었습니다. 즉, '전류(j)가 흐르면 회전하는 자기장(rotB)이 발생한다'라는, 중학교 때 배우는 오른나사 법칙에 불과했습니다. 그런데 맥스웰은 어떤 물리적 발상으로 '∂E/∂t'라는 항이 필연적으로 존재한다고 생각했습니다. 그리고 이 항이 존재함으로써 다음과 같이 전자기파의 존재가 예측됐습니다.

그러니까 식③은 '자기장이 변화하면 회전하는 전기장이 발생'하며 식④는 '전기장이 변화하면 회전하는 자기장이 발생'함을 나타냅니다. 즉, 식③과 식④를 합치면, '자기장이 변화한다 → 전기장이 발생한다(변화한다) → 자기장이 발생한다 → ……'라는 일련의 움직임이 연쇄적으로 일어남을 예측할 수 있습니다. 이처럼 변동하는 전기장과 자기장이 함께 공간을 전파하는데, 이것이 **'전자기파'**입니다.

맥스웰의 예측대로라면 전자를 움직이는 전기장이 공간을 전파해나가 멀리 있는 전자를 움직입니다. 자기장도 전파하므로 떨어진 장소에서 전자 유도를 일으켜 마찬가지로 전자를 움직이죠.

이러한 생각으로 실험을 한 사람이 독일의 물리학자 헤르츠(Heinrich Rudolf Hertz, 1857~1894)입니다. 지금으로부터 불과 130년 전인 1887년, 헤르츠는 자신이 고안한 장치로 전자기파를 발생시키고 수신하는 데 성공했습니다.

헤르츠는 자신의 발견에 대해 "이 실험은 맥스웰이 옳았음을 증명할 뿐이다"라며 겸허한 태도를 보였고 "전자기파의 발견으로 무엇을 할 수 있는가?"라는 물음에 "아무것도 없다"라고 답했습니다. 과학적 의미는 있을지 몰라도 현실 세계에 응용할 만한 가치는 별로 없다고 여긴 것이죠.

헤르츠는 이 발견을 한 지 7년 후, 36세의 젊은 나이에 세상을 떴습니다. 만일 헤르츠가 좀 더 오래 살았더라면 20세기 전반에 탄생한 라디오와 텔레비전 방송의 번영을 보고 전자기파가 가져온 엄청난 위력에 상당히 놀랐을 듯합니다.

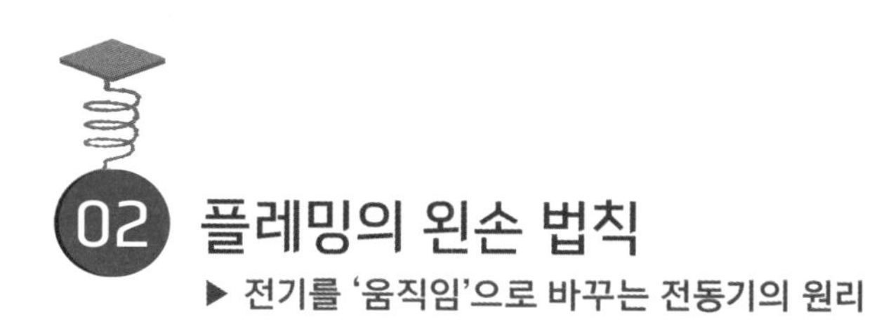

02 플레밍의 왼손 법칙

▶ 전기를 '움직임'으로 바꾸는 전동기의 원리

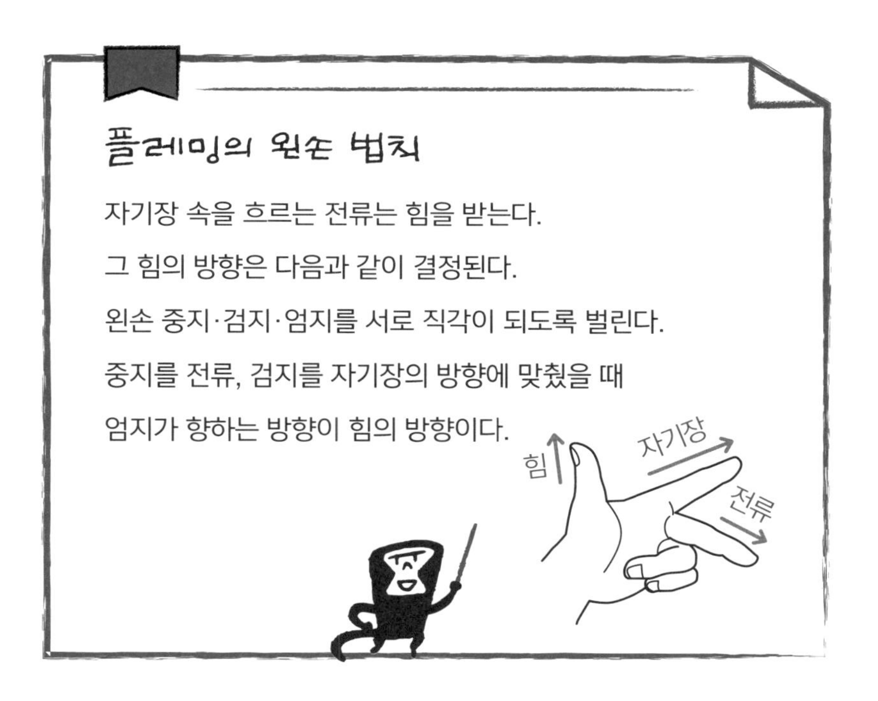

우리는 전기가 있는 삶에 익숙한 상태라 스위치를 켜면 뭐든지 작동한다는 감각에 빠지기 쉽습니다. 그래서 전동차에 전류를 흘려보내면 바퀴가 움직이는 것이 당연하다고 여기지만, 생각해보면 사실 참 신기한 이야기입니다. '전기의 흐름'이 '물체의 움직임'으로 변하는 이유는 뭘까요?

전류는 자기장으로부터 힘을 받는다

중학교 과학시간에 자석의 N극과 S극 사이에 도선을 통과시키고 전류를 흐르게 하면 도선이 한쪽으로 휙 하고 움직이는 실험을 해본 기억이 있을 겁니다. 이는 전류가 도선의 움직임으로 변환되는 예입니다. 원리를 복습해봅시다.

● **전류는 자기장으로부터 힘을 받는다**

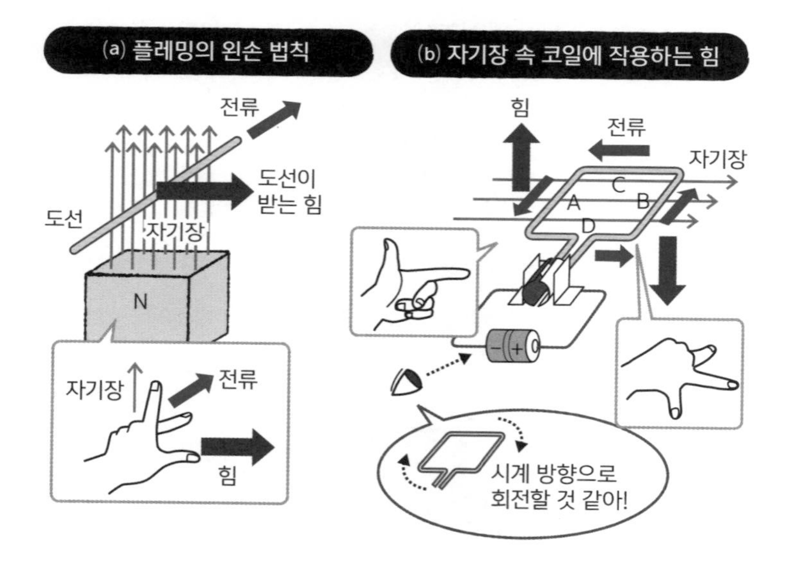

위 그림(a)처럼 위쪽 방향의 자기력선(자기장)이 있는 경우에 횡방향으로 도선을 통과시켜 전류를 흐르게 하면, 도선이 전류와 자기장 양쪽에 직교하는 방향으로 힘을 받습니다.

글로 설명하기보다는 그림으로 보는 편이 더 빠릅니다. 먼저 왼손을 래퍼가 "요! 요!" 할 때의 형태로 만들어주세요. 그리고 중지를 전류 방향, 검지를 자기장의 방향에 맞추면 엄지가 도선이 받는 힘의 방향이 됩니다. 이러한 전류·자기장·힘의 방향 관계를 **'플레밍의 왼손 법칙'**이라고 합니다. 중지부터 시작해 '전·자·력'이라고 리드미컬하게 외치면 외우기 쉽습니다.

이 직선상의 도선을 그림(b)처럼 한 바퀴 감은 것을 '코일'이라고 하는데, 이 코일을 자기장 속에 두면 어떻게 될까요? 그림(b)를 보면(이번에는 자기장을 횡방향에 두었습니다), 코일의 네 변 중 A와 B 두 변이 받는 힘은 크기가 같고 방향이 반대*로 작용선이 일치하지 않기 때문에 코일을 회전시키는 효과가 발생합니다. 또 코일은 몇 번씩 빙빙 감은 것뿐만 아니라 이 경우처럼 한 번만 감아도 코일이라고 합니다.

● 이 상태로는 회전하지 않는다

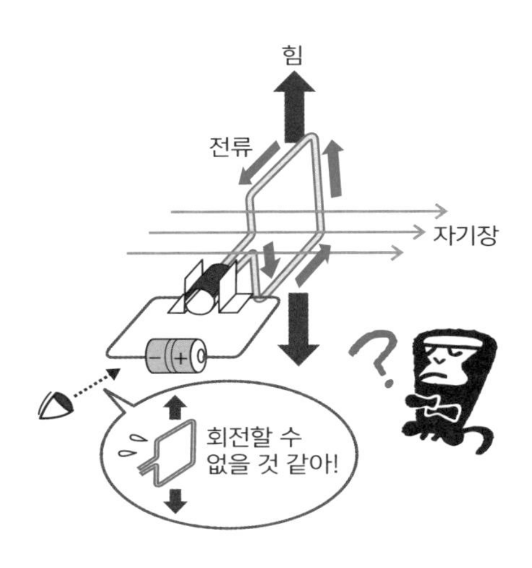

* 크기가 같고 방향이 반대라서 작용선이 일치하지 않는 두 힘을 '짝힘'이라고 합니다. 짝힘은 합계가 0이므로 물체를 가속시킬 수는 없지만 회전시키는 것은 가능합니다.

전동기가 계속 회전하는 원리

자기장 속에서 코일에 전류가 흐르면 코일의 두 변이 받는 힘이 회전 효과를 만들어내 코일이 회전합니다. 하지만 그 상태에서는 코일의 면이 자기장에 수직이 되는 순간 힘의 작용선이 일치하기 때문에 더 이상 회전하지 못합니다(앞 페이지 그림 참조). 여기서 방식을 조금 달리 하면 회전을 지속시킬 수 있습니다. 그렇게 고안해낸 도구가 **'전동기'**입니다.

● **전동기가 계속 회전하는 원리 ① ②**

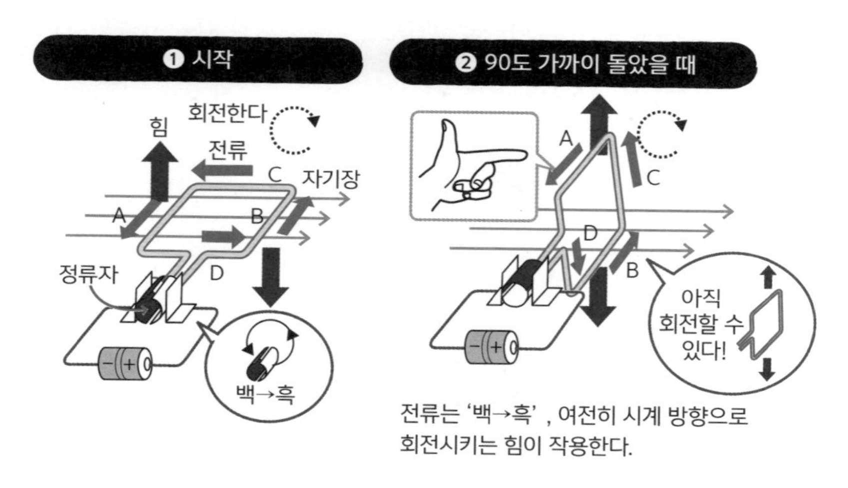

전류는 '백→흑' , 여전히 시계 방향으로 회전시키는 힘이 작용한다.

포인트는 코일이 반 바퀴 돌 때마다 '코일에 흐르는 전류의 방향'을 반전시키는 것입니다. 위 그림에서 보듯이 '정류자'라는 반달 모양의 기구가 있으면 가능한 일이죠(쉽게 설명하기 위해 검은색 부분과 흰색 부분으로 구분해두었습니다).

먼저 ①에서 시작했을 때는 정류자의 흰색 부분에서 코일을 B→C→A 순으로 지나 검은색 부분으로 전류가 흐릅니다. 이를 짧게 '백→흑'이라고 표현합시다. 전류가 '백→흑'으로 흐르면 코일 전체는 시계 방향으로 회전하는 힘을 받습니다.

코일이 90도 가까이 회전한 그림②를 보면, 여전히 전류는 '백→흑'입니다. 때문에 코일이 받는 힘도 여전히 코일을 시계 방향으로 회전시키는 방향입니다.

● **전동기가 계속 회전하는 원리 ③ ④**

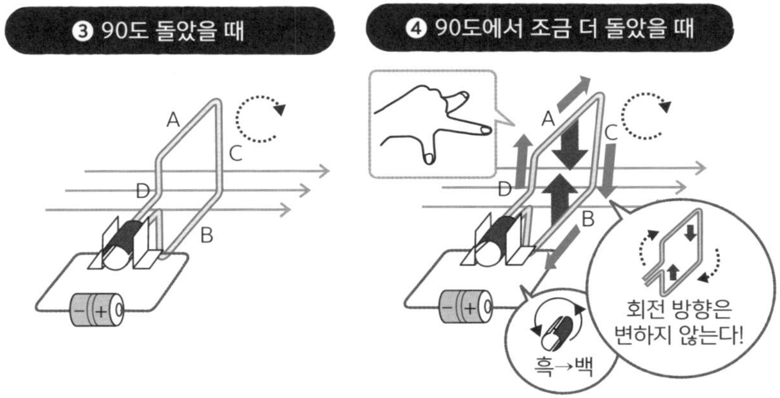

❸ 90도 돌았을 때

순간 회로가 끊겨
전류가 흐르지 않는다.
관성으로 회전은 계속된다.

❹ 90도에서 조금 더 돌았을 때

회전 방향은
변하지 않는다!

흑→백

전류는 '흑→백'으로 반전되지만
힘은 여전히 코일을 시계 방향으로
회전시키려고 한다.

그리고 정확히 90도가 된 순간인 ③에서는 전류가 흐르지 않습니다. 하지만 코일은 관성 때문에 계속 돌아 회전은 90도를 넘어갑니다.

그래서 코일이 90도를 조금 넘어갔을 때 그림④처럼 정류자와 전지의 접점이 바뀌면서 코일을 흐르는 전류의 방향이 반대로 '흑→백'이 됩니다. 그러면 코일의 변 A는 그전까지 '위 방향'의 힘을 받다가 '아래 방향'으로 바뀝니다. 마찬가지로 그전까지 '아래 방향'의 힘을 받던 변 B는 '위 방향'의 힘을 받는데, 마침 코일의 각 변의 위치는 조금 전과는 뒤바뀐 상태이므로 시계 방향의 회전은 유지됩니다.

이것이 정류자의 작용입니다. 코일을 흐르는 전류의 방향을 일순간 반전시켜 코일의 회전 방향을 유지하는 것이죠.

● 전동기가 계속 회전하는 원리 ⑤ ⑥

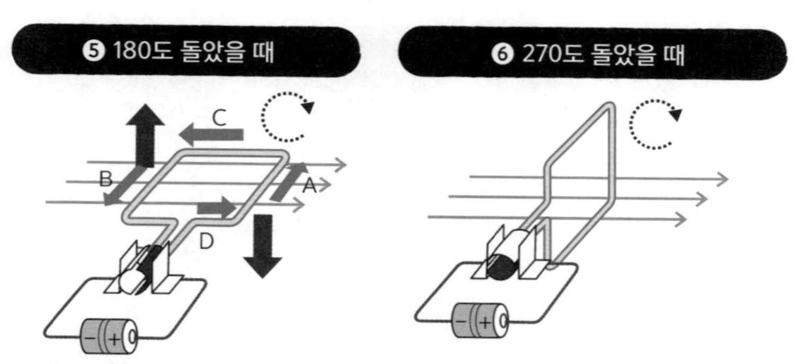

전류는 '흑→백'으로, 코일을 시계 방향으로 회전시키는 힘이 작용하고 있다.

순간 회로가 끊겨 전류가 흐르지 않는다. 이 직후 전류의 방향이 '백→흑'으로 바뀐다.

그 뒤에는 똑같은 일이 반복됩니다. 180도 돌았을 때와 270도 돌았을 때의 그림 ⑤와 ⑥을 봅시다. 90도부터 270도까지 회전하는 동안 전류는 '흑→백'으로 흐르지만, 270도를 넘으면 다시 '백→흑'으로 돌아옵니다. 이러한 반복으로 코일은 계속 회전할 수 있습니다.

전동기, 발전기 등 수많은 분야에 응용

주위를 둘러보면 '전기를 흐르게 해서 무언가를 움직이는' 원리의 물건이 상당히 많음을 알 수 있습니다. 집 안이라면 이른바 가전제품들, 예컨대 선풍기·세탁기·CD플레이어처럼 딱 봐도 무언가가 회전하는 물건이 있는가 하면 비데처럼 무엇이 회전하는지 잘 드러나지 않는 물건도 있습니다.

집 밖으로 나가면 자동차의 기동 전동기나 전동차의 바퀴, 자동문 등 역시 여기저기에 전동기가 장착돼 있습니다. 실용화된 전동기에는 갖가지 아이디어가 담긴 다양한 종류가 있는데, 근본적으로는 '자기장 속에서 전류가 힘을 받는' 성질을 활용하고 있습니다.

참고로 전동기에 전원을 연결하지 않고 코일을 회전시키면 발전기가 됩니다. 발전기는 자기장 속에서 코일을 회전시켜 코일을 통과하는 자기선속이 시시각각 변화하기 때문에 '전자기 유도 법칙'으로 기전력이 발생하죠. 손발전기 등이 이 원리를 이용합니다.

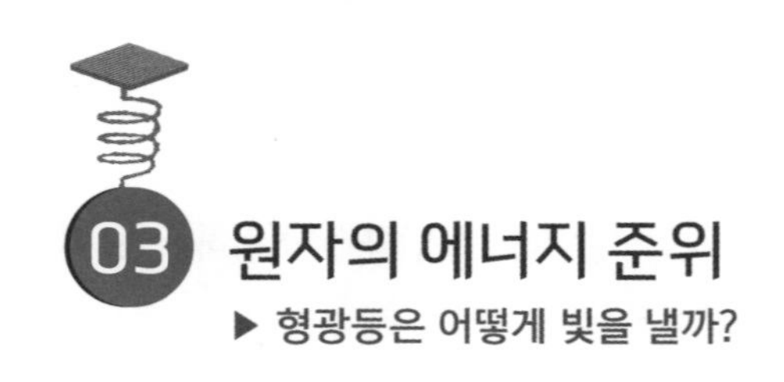

03 원자의 에너지 준위

▶ 형광등은 어떻게 빛을 낼까?

원자의 에너지 준위

원자 안에서 '전자가 가진 에너지 값(에너지 준위)'은 원자의 종류별로 한정돼 있다. 전자가 다른 에너지 상태를 오갈 때 그 에너지 차이는 전자기파 등의 형태로 방출하거나 흡수한다.

밤거리를 수놓는 네온사인이나 집 안의 형광등은 같은 원리로 빛을 냅니다. 원자에는 고유의 색이 있는데, 그 색은 '전자기파의 파장'으로 결정됩니다. 가시광선 중에서 파장이 길면 붉은색을, 짧으면 파란색을 띠죠. 즉, 원자는 종류별로 고유의 파장을 가진 전자기파를 방출합니다. 대체 어떤 원리일까요?

원자가 가진 에너지 값은 띄엄띄엄

원자 안에서는 전자가 원자핵 주위를 돌고 있습니다. 전자의 속도와 원자핵과의 거리에 따라 전자의 에너지 값이 결정됩니다.

● **원자의 에너지 준위는 띄엄띄엄한 값을 가진다**

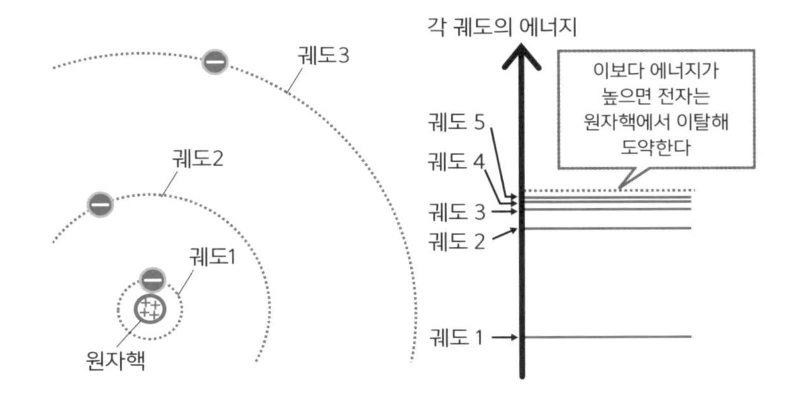

사실 이 에너지 값은 자유로운 값이 될 수 없습니다. 설명하자면 난해해서 깊이 들어가지는 않겠지만, 양자역학의 '슈뢰딩거 방정식'을 풀어 도출해낼 수 있습니다. 즉, 전자는 원자 내에서 몇 개의 정해진 궤도를, 정해진 속도로 움직일 수밖에 없다는 뜻입니다. 위 그림은 원자 안에서 전자가 회전하는 궤도와 각 궤도의 에너지를 도식적으로 보여주고 있습니다.

보통 이 에너지는 '전자가 가진 에너지'가 아니라 '원자가 가진 에너지'라고 합니다. 또 원자가 가질 수 있는 에너지 값을 **'원자의 에너지 준위'**라고 합니다.

우선 이 원자의 에너지 준위는 그림처럼 띄엄띄엄 불연속적이라는 점을 기억해둡시다. 또 원자의 종류별로 에너지 준위 값은 다릅니다.

전자가 아래에서 위 궤도로, 위에서 아래 궤도로

전자가 존재하는 궤도별로 에너지는 정해져 있으므로, 전자를 더 높은 궤도(바깥쪽 궤도)로 옮기고 싶다면 부족한 에너지를 공급해줘야 합니다. 또 충분한 에너지를 공급하면 전자는 원자핵에서 이탈해 점프하듯 옮겨갑니다. 에너지를 공급하는 방법은 주로 두 가지입니다.

①빛(전자기파)을 쪼인다.

②전자 등의 입자를 외부로부터 충돌시킨다.

전자기파의 에너지는 파장으로 결정되며, 파장이 짧을수록 에너지가 높다는 성질이 있습니다. 낮은 궤도(안쪽)에서 더 높은 궤도(바깥쪽)로 전자를 옮기고 싶을 때는 에너지의 차이를 메워야 하므로 파장이 더 짧은 전자기파를 쪼여야 합니다. 파장이 충분히 짧다면 전자는 훌쩍 높은 곳으로 옮겨갑니다.

● 궤도를 이동할 때는 어떻게 해야 할까?

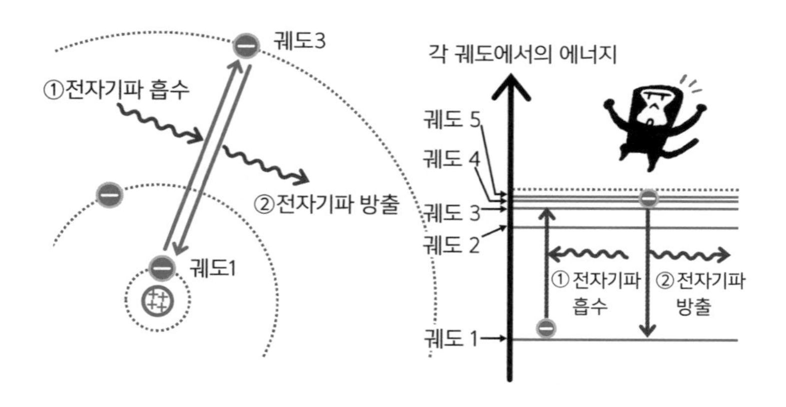

반대로 높은 궤도에서 낮은 궤도로 전자를 옮기고 싶을 때는 두 궤도의 에너지 차이가 전자기파로 방사되거나 열 따위의 형태로 방출됩니다. 위의 그림에서는 '궤도1'에서 '궤도3'으로 전자가 이동할 때 전자기파를

흡수하고, 반대로 '궤도3'에서 '궤도1'로 전자가 떨어질 때 전자기파를 방출하는 모습을 도식적으로 보여줍니다.

지금까지의 이야기를 종합해보면, 원자에는 종류별로 정해진 에너지 준위가 있으며, 어떤 식으로 전자를 높은 궤도로 끌어올리면* 전자가 아래 궤도로 돌아올 때 궤도의 에너지 차이가 전자기파로 방출되는 경우가 있습니다. 에너지 차이가 크면 파장이 짧은(가시광선이라면 파란) 전자기파가 나오며, 에너지 차이가 적으면 파장이 긴(가시광선이라면 붉은) 전자기파가 나옵니다.

네온사인의 원리

자. 그럼 네온사인 이야기로 돌아갑시다. 네온사인은 진공 상태의 유리관 안에 소량의 '네온'이라는 기체를 넣어 밀봉한 뒤 전극을 삽입해서 강한 전압을 거는 구조로 만듭니다. 그리하면 고전압으로 가속된 전자가 네온 원자와 충돌해서 네온 원자 안의 전자가 튕겨 나갑니다. 그리고 그 빈자리로 높은 궤도에 있던 전자가 떨어지면 두 궤도 간의 에너지 차가 전자기파로 방출됩니다. 그 색깔이 바로 가시광선의 붉은색에 해당합니다. 이뿐이라면 붉은색만 나오겠지만 네온 대신 다른 기체, 예컨대 아르곤을 이용하면 아르곤의 에너지 준위를 반영한 색깔인 파란빛이 방출됩니다.

또 유리관에 형광 물질을 도포해 다른 색의 빛을 내는 일도 가능합니다. **'형광'**이란 다음과 같은 과정을 말합니다. 먼저 큰 에너지의 전자기파

* 가장 낮은 에너지 준위를 '바닥상태', 그보다 높은 에너지 준위를 '들뜬상태'라고 합니다. 또 전자를 높은 궤도로 끌어올리는 것을 '전자를 들뜨게 하다'라고 합니다.

를 흡수한 전자가 높은 에너지 궤도로 올라갑니다. 전자가 열 따위의 형태로 약간 에너지를 잃고 조금 낮은 궤도로 떨어집니다. 그곳에서 다시 처음의 궤도까지 떨어질 때 전자기파가 나옵니다. 즉, 흡수한 전자기파보다 조금 에너지가 낮은(파장이 긴) 전자기파가 방출되는 것이 형광입니다. 네온사인뿐 아니라 형광등도 이 형광 물질로 인해 원하는 색을 냅니다.

원자가 불연속적 에너지 준위를 가지고 있어 궤도 간의 에너지 차이에 해당하는 전자기파가 방출되는 원리를 이용하는 것은 이밖에도 몇 가지 더 있습니다. 이를테면 터널 안에서 오렌지색 빛을 내는 '나트륨램프'가 그렇습니다. 그 오렌지색은 나트륨 원자 고유의 색입니다.

이러한 지식을 알고 나니 밤거리 풍경이 어딘가 달라 보이지 않나요?

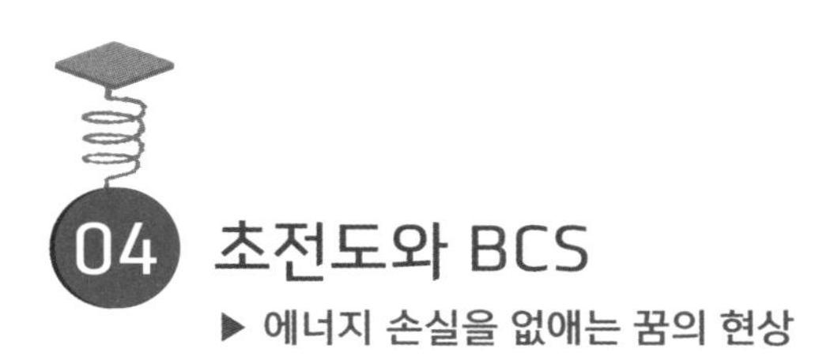

04 초전도와 BCS

▶ 에너지 손실을 없애는 꿈의 현상

초전도와 BCS

초저온으로 냉각하면 어느 온도에서 저항이 0이 되는 물질이 있다. 이 상태를 초전도 상태라고 한다. 초전도 상태로 이행하면서 동시에 그 물질 내부에서는 자기력선이 밀려나는 마이스너 효과라는 현상도 발생한다. 이 현상을 이해하려면 양자역학이 필수이며, 전자가 쿠퍼쌍을 이루고 있다고 생각하면 이해할 수 있다.

줄의 법칙(PART 3-02)에서 설명한 대로, 도선에 전류가 흐르면 열이 발생합니다. 무언가를 데우고자 한다면 몰라도 그렇지 않다면 에너지가 열로 사라지는 것이니 전력 낭비입니다. 일정 시간 동안 발생하는 열량은 '저항×(전류)^2'이므로 저항이 0이라면 발생하는 열량도 0일 터입니다.

하지만 그런 꿈같은 이야기가 과연 가능할까요?

온도를 낮추면 저항도 감소한다

저항이 발생하는 이유는 도선의 원자가 진동해 전자의 통행을 방해하기 때문입니다. 다소 부정확한 설명이지만 '진동하는 도선의 원자에 전자가 충돌하기 때문'이라고 상상하면 이해하기 쉽습니다. 이 '도선의 원자의 진동'이란 '열운동'을 말합니다. 온도가 높을수록 열운동은 거세지므로 고온일수록 전기 저항은 커집니다. 이는 반대로 온도를 낮추면 저항이 감소함을 의미합니다.

● 극저온에서 저항이 0이 되는 초전도 현상

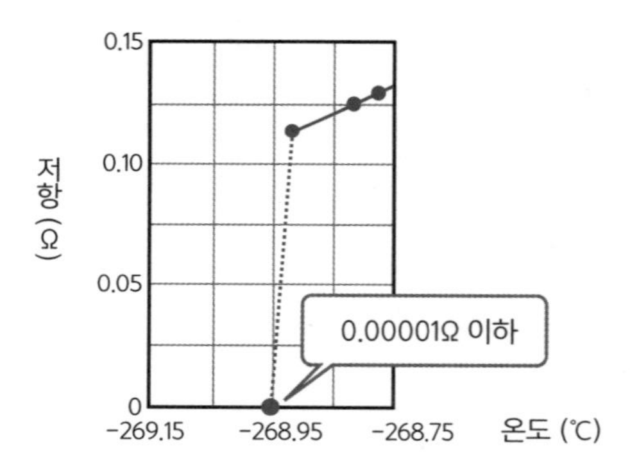

그렇다면 온도를 계속 낮추면 저항도 계속 감소할까요? 사실 온도에는 하한이 있습니다. 약 −273℃라는 값으로, **'절대 영도'**라고 합니다. 절대 영도에서는 원자의 열진동이 완전히 멈추면서 전자를 방해하는 것이 사라져 저항이 0이 되지 않을까* 추측하는 과학자가 여럿 있었습니

* 양자역학의 효과를 생각하면 원자의 열운동 에너지는 완전히 0이 되지는 않지만 최저 에너지 상태가 됩니다. 하지만 1911년 당시에는 아직 양자역학이 확립되지 않았기 때문에 이러한 개념이 없었습니다.

다. 나중에 초전도 현상을 발견한 네덜란드의 물리학자 오네스(Heike Kamerlingh Onnes, 1853~1926)도 그런 사람들 중 하나였습니다.

1911년, 오네스는 전류를 흐르게 하면서 수은의 온도를 계속 낮춰 저항을 측정하는 실험을 했습니다. 예상대로 온도가 내려감에 따라 저항도 감소했는데, 온도가 −269℃ 근처까지 떨어지자 갑자기 저항이 사라지는 현상을 관측했습니다.

오네스는 이 현상을 '**초전도 상태**'라고 불렀습니다. 그는 주석이나 납 같은 다른 금속에서도 동일한 현상이 일어난다는 사실을 발견해 저항이 있는 상태(상전도 상태)에서 초전도 상태로 바뀌는 것이 수은 특유의 현상이 아님을 밝혀냈습니다.

이 실험은 절대 영도가 되지 않아도 금속이 초전도 상태로 바뀌는 이유가 원자의 열진동이 멈췄기 때문이 아님을 보여줍니다. 또 양자역학에 따르면(당시에는 아직 양자역학이 확립되지 않았지만) 절대 영도가 되더라도 열진동은 완전히 멈추지 않으므로 원인은 다른 데 있음을 의미합니다.

마이스너 현상의 불가사의

그 뒤에도 다양한 물질들의 초전도 상태가 발견되었지만 원인은 밝혀지지 않았습니다. 그런데 1933년에 또 한 가지 아주 기묘한 현상이 발견되었습니다. 초전도 상태가 된 물질이 약한 자기력선을 완전히 밀어내는 현상이었죠. 이 현상은 발견한 연구팀의 대표자 이름을 따 '**마이스너(Meissner) 효과**'라고 부릅니다.

여기서 '패러데이의 전자기 유도 법칙(PART 3−03)'을 떠올리며 '그건 당연한 거 아냐?'라고 생각할지도 모르겠습니다. 물질이 초전도 상태가 된

뒤에 외부에서 자기장을 걸면 '자기선속의 변화를 방해하는 전류'가 흐르는데, 초전도 상태(저항이 0)이므로 전류의 세기는 한없이 커질 수 있습니다. 따라서 외부에서 건 자기장을 완전히 밀어내는 유도 전류가 흘러 결과적으로 물질 내 자기장이 0이 된다(즉, 물질 속에 자기력선이 들어갈 수 없다)는 것을 예측할 수 있습니다.

● 마이스너 효과는 전자기 유도로는 이해할 수 없는 새로운 현상

①초전도 상태의 물질에 자기장을 걸면 자기력선이 사라진다.
이는 패러데이의 전자기 유도 법칙을 통해 이해할 수 있다.

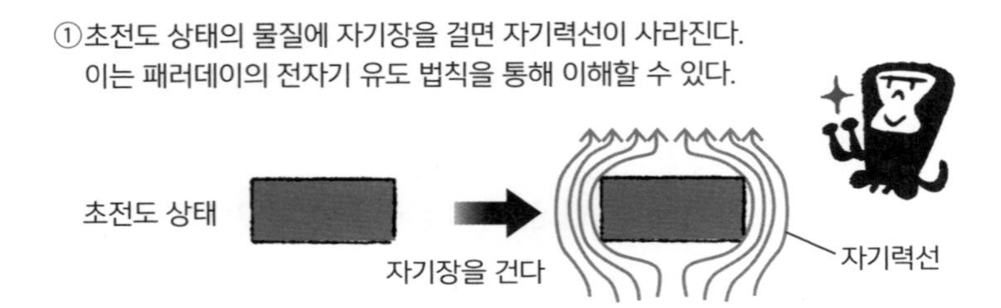

②먼저 자기장을 건 뒤 냉각시켜 초전도 상태로 만들어도 자기력선이 사라진다.
이는 패러데이의 법칙으로는 설명할 수 없는 완전히 새로운 현상이다.

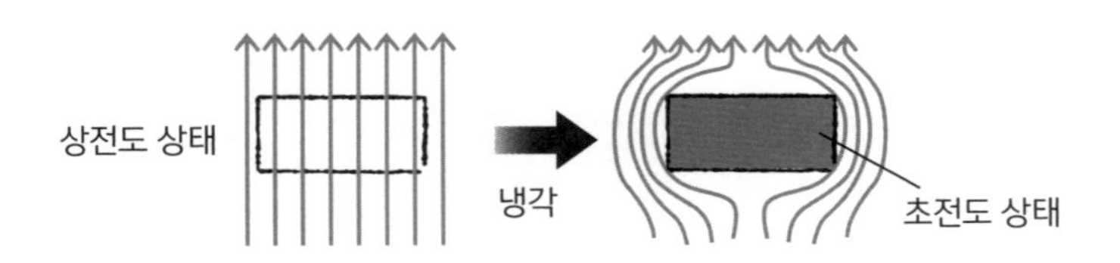

그러나 마이스너 효과는 그 이상의 현상입니다. 처음부터 물질에 자기장을 걸어둔 다음 온도를 낮춘 경우에도 물질이 초전도 상태가 되는 순간 자기력선이 물질 속에서 밀려납니다. 이는 패러데이의 전자기 유도 법칙으로는 설명이 되지 않습니다. 즉, 초전도 상태란 단순히 저항이 0이 된 상태가 아니라 그 이상의 무언가 본질적으로 새로운 현상이 일어났음을 시사하고 있습니다.

그래서 현재 새로운 초전도 물질을 인정할 때는 그 물질이 마이스너 효과를 나타내는지의 여부 역시 필수 조건입니다.

초전도 상태의 근원은 전자쌍

초전도의 원인에 대해 마침내 결론을 낸 것은 1957년에 발표된 **'BCS 이론'***을 통해서였습니다.

BCS 이론에서는 **'쿠퍼쌍'**이라는 두 전자의 쌍이 중요한 역할을 합니다. 요점만 말하자면, 어떤 전자가 금속 원자와 충돌해 에너지를 잃을 때 다른 전자가 그만큼의 에너지를 얻는 현상이 일어납니다. 그러면 전자 집단은 전체적으로 에너지를 잃지 않고 도선 안을 흐를 수 있으므로 저항은 0이 됩니다.

이것은 본질적으로는 양자역학에 근거한 이론입니다. 전자는 **'스핀'****이 ±1/2이라는 값을 갖는 입자(페르미 입자)입니다. 그러나 스핀이 +1/2인 전자와 −1/2인 전자가 쌍을 이루면 스핀이 0인 입자(보스 입자)처럼 움직입니다. 이것이 쿠퍼쌍입니다.

보스 입자는 저온이 되면 저에너지 상태로 응축되는 성질이 있는데, 이 성질이 초전도 물질의 여러 성질(저항 0, 마이스너 효과 외에 비열, 전자기파의 흡수 정도 등)을 잘 설명해줍니다.

---

* 'BCS'란 제창자인 바딘(John Bardeen), 쿠퍼(Leon Cooper), 슈리퍼(John Robert Scherieffer) 이 세 사람의 이름 첫 글자를 나열한 명칭입니다.

** '스핀'을 일상생활에 비유하기는 어렵지만, 굳이 말하자면 '자전' 같은 것입니다. 공을 책상 위에 두고 오른쪽으로 돌리느냐, 왼쪽으로 돌리느냐가 스핀의 ±에 해당합니다.

● **치열한 고온 초전도체 개발 경쟁**

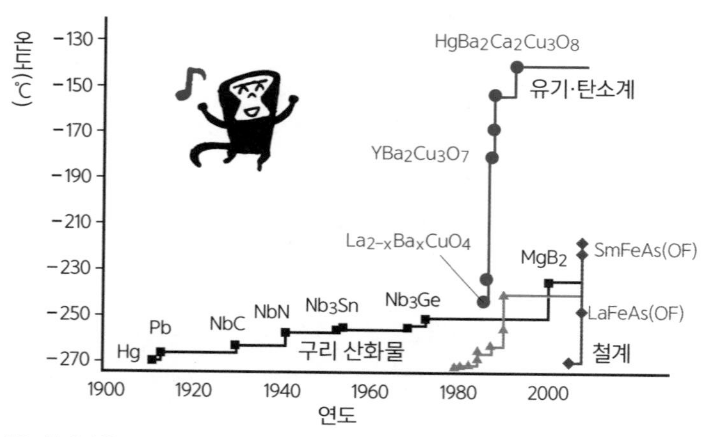

http://sakaki.issp.u-tokyo.ac.jp/user/kittaka/contents/others/tc-history.html을 바탕으로 작성

초전도가 처음 발견된 1911년 당시에는 아직 양자역학이 완성되지 않았기 때문에 원인을 해명하는 일이 늦어질 수밖에 없었습니다.

최근에는 '고온 초전도체'라는, 비교적 고온(액체 질소로 만든 영하 196℃보다 높다는 의미)으로 초전도체가 되는 물질의 발견이 잇따르고 있습니다. 이 현상은 BCS 이론으로는 잘 설명이 되지 않는 부분이 있어 이론의 수정이 필요한 상황입니다.

초전도에는 응용할 요소가 한가득!

초전도 물질은 이미 병원의 MRI(Magnetic Resonance Imaging, 몸의 가로 절단면 영상을 촬영하는 기계)나 자기 부상 열차에 사용되고 있습니다. 이들 기기는 강력한 자석이 필요하므로, 저항이 0인 도선에 많은 전류를 흐르게 해 강력한 전자석을 만듭니다. 고온 초전도체는 아직 실용화되지 않았으며, 지금 단계에서는 우선 초전도 물질을 영하 270℃ 근처까지 냉각해야 합니다.

이러한 저온은 헬륨이 액화될 때까지 냉각(영하 269℃)해야 가능합니다. 하지만 헬륨은 매우 희소한 물질이기 때문에 언제까지 안정적으로 공급될지 알 수 없습니다. 그에 비해 질소는 공기 중에 다량 존재하므로* 액체 질소의 온도로 사용하는 고온 초전도체가 실용화된다면 무척 편리해질 것입니다.

---

* 공기 중 약 80%가 질소입니다. 액체 질소는 영하 196℃까지 냉각시킬 수 있습니다.

PART 5

자연을 한 단계 더 깊이 이해하기 위한 물리

01 코리올리 효과

▶ 북극에서 한국을 향해 공을 던진다면?

코리올리 효과

회전하면서 물체의 운동을 관측할 때, 물체의 속도 방향에 직각으로 힘이 작용하듯이 보인다. 회전이 반시계 방향인 경우, 이 힘은 물체의 진행 방향을 향해 오른쪽이다.

'관성의 법칙(PART 1-05)'을 머릿속에 넣어두고 전철을 타고 다니다보면 '전철을 밖에서 보면 어떻게 보일까?' 하는 관점에서 생각하게 됩니다. 이를테면 전철이 제동을 걸면 '전철은 감속하지만 나(승객)는 감속하지 않는다', 이 때문에 '전철 안의 나는 앞으로 움직인다' 하고 생각하게 되죠.

지구상에서 공을 멀리 던지면?

그러한 사고 회로로 아주 큰 규모를 생각해봅시다. 공을 있는 힘껏 멀리 던지는 상황을 '지구 밖'에서 보는 겁니다. 이야기를 간단하게 하기 위해, 지금 자신이 북극에 서서 한국을 향해 공을 던진다고 칩시다.

이 장면을 지구 밖에서 보면 공은 분명 던진 방향으로 곧장 날아갑니다. 그것이 관성의 법칙이죠.

하지만 공이 움직이는 동안에도 지구는 서쪽에서 동쪽으로 자전하기 때문에 공은 목표 지점보다 서쪽으로 어긋난 위치에 도착합니다. 남극에서 던져도 마찬가지입니다.

즉, 남극에서 북쪽으로 공을 던지고 이 장면을 지구상에서 관찰하면 서쪽 방향으로 공에 힘이 작용하는 것처럼 느껴집니다.

● 북극에서 한국을 향해 공을 던지면……

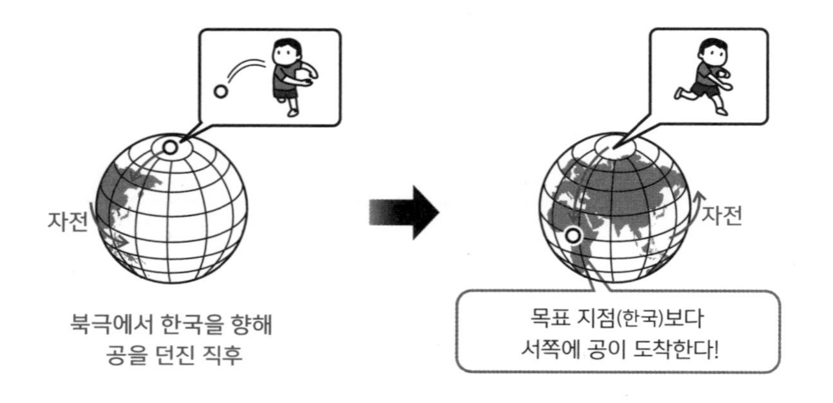

회전하는 원반 위에서 공을 굴리면?

이야기를 조금 일반화하기 위해 '자전하는 지구' 대신 '회전하는 원반'을 생각해봅시다. 옆 페이지의 그림처럼, 사람이 탈 수 있는 크기의 원반이 일정한 속도로 반시계 방향으로 돌고 있고, 그 중심에 서있다고 상상해봅시다. 이 회전 방향은 서쪽에서 동쪽으로 자전하는 지구를 북극에서 내려다본 것과 같은 상황입니다.

● 반시계 방향으로 도는 원반 위에서 공을 굴리면……

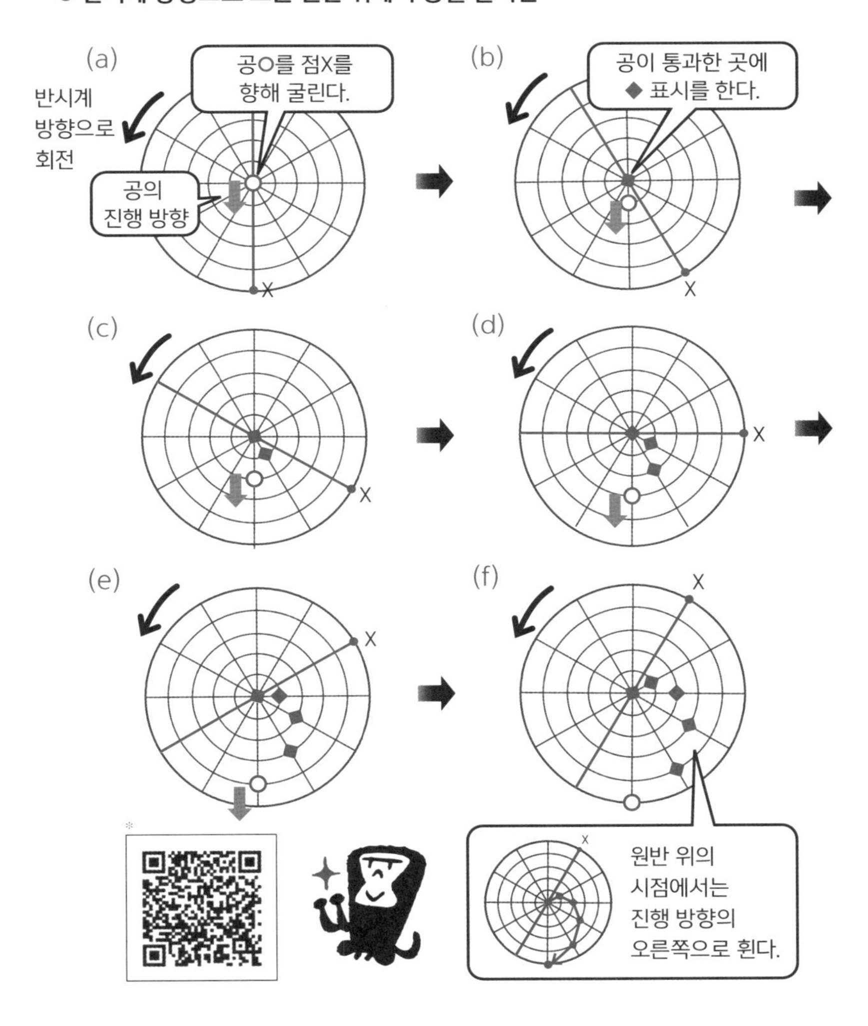

중심에서 원주 위의 점 X를 향해 공을 굴린다고 칩시다. 공은 일정한

---

* https://youtu.be/KhG_bjt7xiE에 영상으로 설명해두었습니다. 엄밀히 말하면 이 그림에는 '원심력(PART 1-05 후반)'의 효과도 나타나있습니다.

속도로 원주를 향해 굴러갑니다. 그림 (a)~(f)는 일정 시간대별 공의 위치를 나타내며, 공이 통과한 위치가 ◆표시입니다.

이 상황을 원반 밖에서 보면, 공은 점X를 향해 똑바로 굴러가지만 원반의 회전에 따라 점X가 움직이기 때문에 공은 크게 벗어난 위치에 도달합니다.

이 상황을 원반(중심)에 올라가서 관찰하면 어떨까요? 원반 위에 표시한 ◆표시를 연결해보면 공이 진행 방향을 향해 오른쪽으로 휘어지듯이 보입니다[그림(f)].

'운동 방정식(PART 2-02)'에 근거해 더 자세히 해석해보면 다음과 같은 사실을 알 수 있습니다.

'관측자가 반시계 방향으로 도는 물체를 관찰하면, 진행 방향의 오른쪽 수직 방향으로 힘을 받는 듯이 보인다. 그 힘의 크기는 관측자의 각속도와 물체의 속도에 비례한다.'

이는 발표자의 이름을 따서 **'코리올리 효과'**라고 하며, 작용하는 것처럼 보이는 가상의 힘을 **'코리올리 힘**(또는 전향력)'이라고 합니다. 참고로 회전 방향이 시계 방향이 되면 코리올리 힘의 방향은 '진행 방향의 왼쪽 수직 방향'이 됩니다.

북반구와 남반구에서는 태풍의 소용돌이 방향이 다르다?

코리올리 힘이 나타나는 현상으로 유명한 것은 역시 태풍의 소용돌이 방향입니다. 태풍은 중심의 저기압을 향해 공기가 빨려 들어가는데, 그때 북반구에서는 '진행 방향의 오른쪽 수직 방향'으로 힘이 작용합니다. 따라서 옆 페이지에서 보듯이 결과적으로 반시계 방향으로 도는 소용돌이가 됩니다. 반면 남반구에서는 코리올리 힘이 반대 방향이 되므로 남반구의 태풍*은 시계 방향으로 도는 소용돌이가 됩니다.

지구의 자전으로 생기는 코리올리 힘은 기본적으로는 상당히 큰 구조(태풍 따위)에서 나타나는 현상이므로 '욕조 마개를 뽑았을 때의 소용돌이 방향' 같은 작은 구조와는 관련이 없습니다. 실제로 남반구에 출장을 갈 기회가 있는 사람은 자택과 출장지의 욕조 소용돌이를 한번 관찰해 봅시다. 남반구라고 해서 꼭 반대 방향은 아닐 겁니다.

● **태풍으로 보는 '코리올리 힘'**

사진 제공: 국립정보학연구소 <디지털 태풍> http://agora.ex.nii.ac.jp/digital-typhoon/

---

* '태풍'이란 아시아 부근(북반구 동경 100~180°)에 위치하는 것을 가리키는 용어입니다. 미국 근처의 태풍은 '허리케인', 그 밖의 지역(남반구 대부분이 여기에 포함)의 태풍은 '사이클론'이라고 합니다.

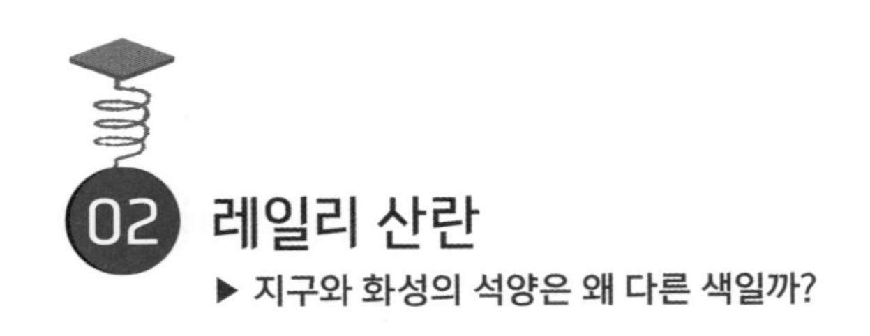

02 레일리 산란

▶ 지구와 화성의 석양은 왜 다른 색일까?

레일리 산란

빛(전자기파)은 입자에 닿으면 산란된다. 입자의 크기가 빛의 파장에 비해 충분히 작으면 파장이 짧은 빛이 산란되기 쉽다. 산란이 잘 되는 정도는 파장의 4제곱에 반비례한다.

가만히 보면 하늘의 빛깔은 참 신비롭습니다. 낮 동안의 하늘은 햇빛을 받아 물드는데, 햇빛의 색이 비교적 하얀색임에도 하늘은 왜 파래지는 걸까요? 사실 하늘을 올려다봤을 때 파랗게 보이는 곳은 태양이 있는 쪽이 아니라 아무것도 없는 쪽입니다. 왜 아무것도 없는 부분이 파랗게 보일까요?

푸른빛이 우선적으로 산란된다

햇빛은 여러 파장의 빛이 섞여있습니다. 파장이 긴 빛은 붉은색이고 파장이 짧은 빛은 보라색으로, 이 색들이 섞이면 하얗게 보입니다.

● **하늘은 왜 파랗게 보일까?**

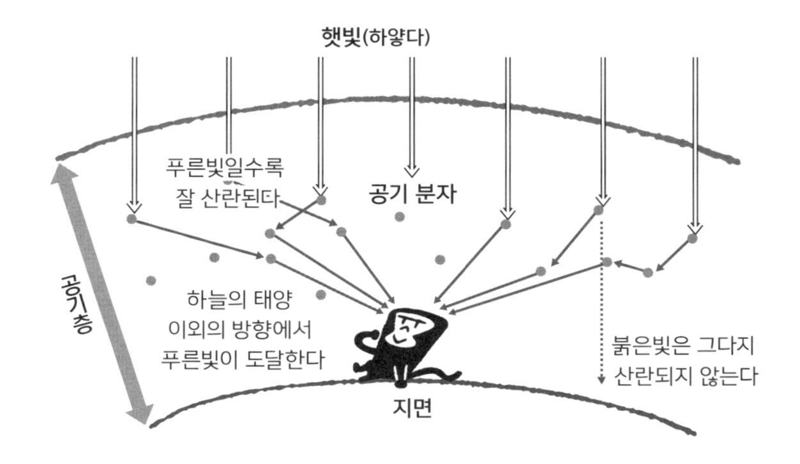

햇빛이 공기 중의 분자(산소나 질소 따위)와 부딪히면 어떤 확률로 진행 방향이 바뀝니다. 이 현상이 **'산란'**입니다. 산란이 잘 되는 정도는 빛(전자기파)의 파장에 따라 다르며, 파장이 짧을수록 산란이 잘 됩니다. 상세한 계산에 따르면 '산란이 잘 되는 정도는 파장의 4제곱에 반비례'하죠. 이 이론은 발견자의 이름을 따서 **'레일리 산란'**이라고 합니다.

붉은빛과 푸른빛의 파장은 1.5배 정도 차이가 나므로 산란이 잘 되는 정도는 $1.5^4 \fallingdotseq 5$, 약 5배 차이입니다. 푸른빛은 붉은빛보다 약 5배 산란이 잘 되는 것이죠. 이 현상은 빛의 파장에 비해 산란 물질의 크기가 충분히 작은 경우에 일어납니다.

즉, 하늘의 색깔은 아무것도 없는 곳이 파랗게 보이는 것이 아니라 공기 분자(빛의 파장보다 훨씬 작음)가 있는 곳이 파랗게 보입니다.

● 공기가 없는 우주에서는 하늘이 검은색

https://www.nasa.gov/multimedia/imagegallery/image_feature_2059.html (Image Credit: NASA)

NASA가 공개*한 우주 정거장에서 촬영한 태양 사진을 보면 태양은 칠흑같이 어두운 우주 공간을 배경으로 빛나고 있습니다. 이를 보더라도 공기를 비롯해 아무것도 없는 공간은 태양빛을 산란시키지 못해 검은색이라는 사실을 알 수 있습니다.

아침놀과 저녁놀은 왜 붉을까?

아침과 저녁에 하늘이 붉어지는 이유도 레일리 산란으로 설명할 수 있습니다. 저녁 때 태양은 옆 페이지의 그림처럼 상당히 낮은 곳에 있습니다. 때문에 태양빛이 지면에 도달하기까지 통과하는 공기층의 두께가 상당히 두터워지고, 결국 파장이 짧은(푸른) 빛은 여러 번 산란되면서 지면에 거의 도달하지 않습니다. 붉은빛도 산란되지만 적당히 지면까지 도달

* 위 사진은 URL을 입력하거나 QR코드를 스캔하면 NASA의 해당 페이지로 연결됩니다(QR코드 어플리케이션 필요).

하므로 저녁에 태양 쪽을 보면 하늘이 전체적으로 붉게 보입니다.

● 저녁에는 푸른빛이 지상에 도달하지 않아 붉은 하늘이 된다

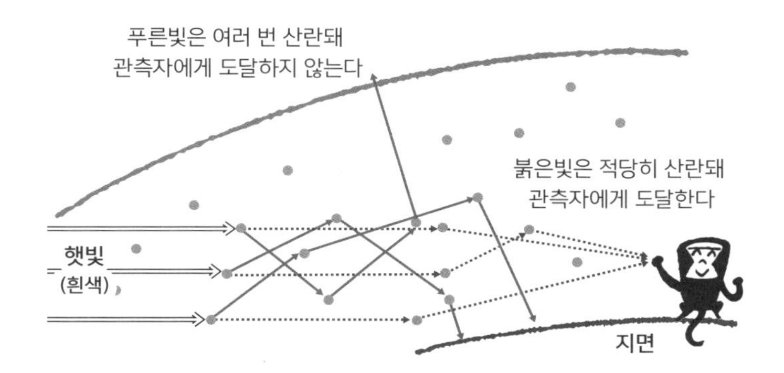

생각해보면, 지구의 공기량은 푸른 하늘과 붉은 저녁놀을 만드는 데 알맞은 양이라고 할 수 있습니다. 공기의 양이 너무 많으면 낮에도 태양빛이 과도하게 산란돼 하늘이 붉어지고, 반대로 공기량이 너무 적으면 저녁이 돼서야 하늘이 푸르스름해질 수도 있습니다.

화성의 석양은 파랗다

다음 페이지의 사진은 NASA의 화성 탐사기가 화성에서 촬영한 일몰 사진입니다. 이 책에서는 흑백으로 보이지만 원본 사진은 화성에 떠돌고 있는 산화철 등의 미립자에 빛이 산란돼 푸르스름합니다.

산화철은 공기 분자에 비해 훨씬 커서 레일리 산란이 아닌 **'미 산란'**이라는 이론이 적용됩니다.

이 이론에 따르면, 입자의 크기가 빛의 파장보다 약간 큰 경우에는 모든 파장의 빛이 균등하게 산란됩니다. 그러면 하늘은 하얗게 보이는데

(지구의 구름이 흰색으로 보이는 이유는 이 때문입니다), 화성의 미립자는 그보다 조금 작기 때문에 우연히 '파장이 긴 빛이 더 잘 산란되는' 상황이 성립합니다. 따라서 지구의 저녁놀과는 반대로 파장이 짧은 푸른빛이 지표에 도달합니다.*

● **화성의 석양은 파랗다**

http://www.jpl.nasa.gov/spaceimages/details.php?id=pia19400
(Image credit: NASA/JPL-Caltech/MSSS/Texas A&M Univ.)

매일 보는 하늘의 빛깔에도 역시 물리의 원리가 숨어있습니다. 공기량이 적당해서 지구의 하늘은 이토록 파랗고 아름다우며 그 공기 덕분에 우리는 살아갈 수 있죠. 이런 사실을 알고 나서 하늘을 보니 새삼 그 감개와 고마움이 한층 더 깊어지는 듯합니다.

---

* 빛의 파장은 대략 400~750mm인데, 구름의 물방울(3,000~10,000mm)에서는 모든 파장의 빛이 균등하게 산란됩니다. 화성의 미립자(1,000~2,000㎚)는 파장이 긴 빛일수록 잘 산란되고, 공기 분자(0.4mm 정도)는 파장이 짧은 빛일수록 잘 산란됩니다.

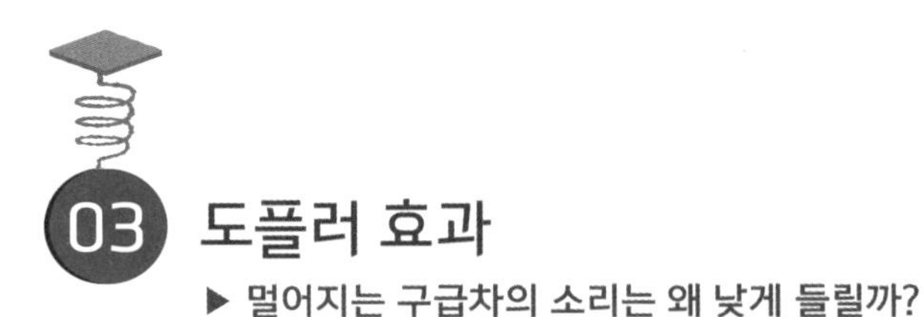

03 도플러 효과

▶ 멀어지는 구급차의 소리는 왜 낮게 들릴까?

도플러 효과

음원과 관측자가 가까워지면 소리는 높게 들리고, 멀어지면 낮게 들린다. 음원이 움직이는 경우에는 소리의 파장이 변화하고, 관측자가 움직이는 경우에는 수신하는 음파의 개수가 변화하기 때문이다.

'구급차가 가까워지면 사이렌 소리가 높아지고 멀어지면 낮아진다.' 아마도 다들 한번쯤 경험해보았을 듯합니다. 필자는 사이렌을 울리며 정차 중인 구급차 옆을 지나간 적이 있습니다. 그때도 구급차와 가까워질 때는 소리가 높게 들리고 구급차와 멀어지면 낮게 들렸죠.

즉, 음원과 관측자가 가까워질 때는 소리가 높게 들리고, 멀어지면 낮게 들립니다. 이 현상이 '**도플러 효과**'입니다. 왜 이런 일이 일어날까요?

음파는 어떻게 전달될까?

'소리'란 공기 분자가 진동하면서 전달하는 '파동'입니다. 연못에 돌을 던지면 파면이 퍼져 나가듯 공기 중에서 무언가를 진동하게 하면 그곳에서 소리의 파(음파)가 둥글게 퍼져 나갑니다. 음파가 전달되는 속도(음속)는 대략 340m/s입니다. 음파가 전달되는 방식에는 다음의 두 가지 큰 원칙이 있습니다.

원칙① 음속은 음원의 속도와는 무관하다.

이것이 제1원칙입니다. 바꿔 말하면, 음원이 멈춰있든 움직이든 '소리는 발생한 지점에서 모든 방향으로 균등하게 구(球) 형태로 전달된다'는 의미입니다.

원칙② 소리의 높이는 소리의 진동수로 결정된다.

이것이 제2원칙입니다. 여기서 말하는 진동수는 '1초 동안 고막을 두드리는 횟수'를 말하며, 바꿔 말하면 '관측자를 1초당 통과하는 소리의 파면 개수'라고 할 수 있습니다. 진동수가 많으면 소리는 높게, 진동수가 적으면 소리는 낮게 들립니다. 인간에게 들리는 진동수는 대략 매초 20~2만 회 정도입니다. 초당 횟수를 나타내는 단위 'Hz(헤르츠)'로 표현하면 인간에게 들리는 소리는 20~2만 Hz*입니다.

즉, 도플러 효과는 음원이나 관측자가 움직이면서 '관측자를 1초당 통과하는 파면의 수'가 변화하는 현상이라고 할 수 있습니다. 그 메커니즘은 두 가지 현상의 조합입니다. 이제부터 순서대로 살펴봅시다.

음원이 움직이면 파장이 변화한다

음원이 움직이면 어떤 현상이 일어나는지 생각해봅시다. 수치를 간

* 필자 주위에서 측정해본 결과, 사람이 말하는 소리의 주파수는 약 100~1,000Hz 정도입니다. 그런데 100Hz를 밑도는 소리는 '저주파음'이라고 해서 불쾌감을 유발하기도 한다고 합니다.

단히 하기 위해 이 음원은 1초 동안 1개의 음(파면)을 낸다고 칩시다(즉, 1Hz입니다). 또 음속은 100m/s라고 합시다.*

● **음원이 멈춰있으면 파면은 동심원상으로 퍼진다**

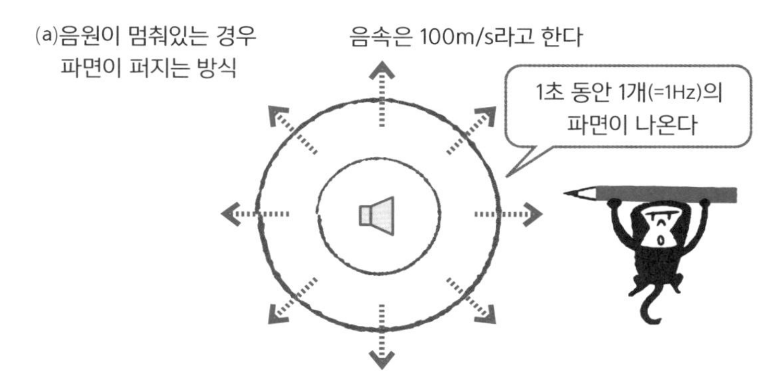

● **음원이 움직이면 파면이 한쪽으로 치우친 형태가 된다**

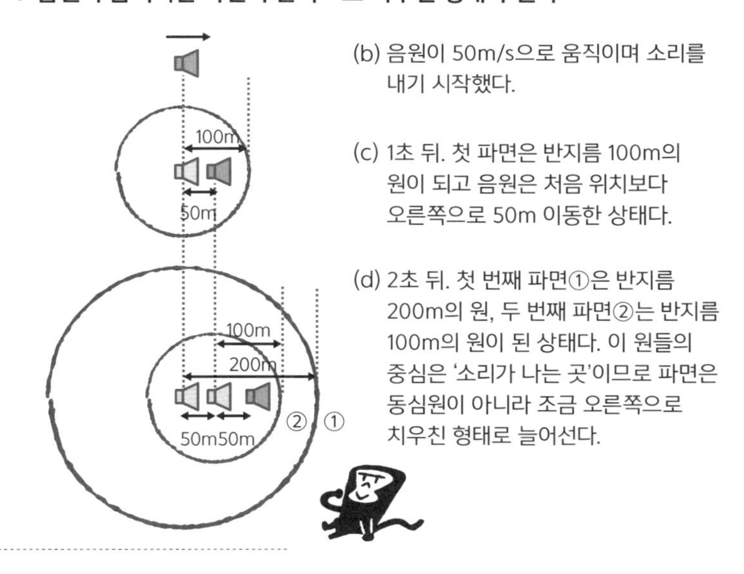

* 어디까지나 '수치를 간단히 하기 위해서'이며, 실제 음속은 1초 동안 100m가 아니라 340m 정도입니다(온도가 높으면 음속도 올라갑니다).

앞의 그림(a)처럼 음원이 멈춰있는 경우, 소리는 동심원상으로 퍼지며 이 원의 반지름이 1초마다 100m씩 커진다는 설정입니다.

그럼 이 음원이 오른쪽으로 움직이면 어떻게 될까요? 지금 음원의 속도는 50m/s이고, 첫 파면을 내고 1초 경과했다고 칩시다[그림(c)]. 첫 파면은 반지름 100m의 원으로 퍼진 상태입니다. 그리고 음원은 지금 막 두 번째 파면을 내려고 하는데, 음원의 위치는 처음보다 오른쪽으로 50m 이동해 있습니다. 두 번째 파면은 이 지점에서 둥글게 퍼져 나갑니다.

1초가 더 지나면(처음에서 2초 뒤) 첫 번째 파면①은 반지름 200m, 두 번째 파면②는 반지름 100m로 퍼진 상태인데, 두 번째 파면의 중심은 오른쪽으로 어긋나있음을 알 수 있습니다[그림(d)]. 그리고 세 번째 파면은 두 번째 파면의 중심보다 오른쪽으로 50m 더 이동한 지점에서 나옵니다. 이러한 반복으로 중심이 점점 더 오른쪽으로 이동한 파면이 퍼집니다.

● 줄어든 파면을 관측자가 듣는다

(e) 멈춰있는 관측자가 이 소리를 들으면 매초 100m만큼 (즉, 파면 2개만큼)의 음을 수신하므로, 2Hz의 음으로 들린다.

이 파를 음원의 오른쪽에 서있는 관측자가 들으면 어떤 음으로 들릴까요? 하나하나의 파면은 100m/s로 다가오지만, 파면과 파면 사이의 길이

(파장이라고 합니다)가 50m로 줄었기 때문에 1초 동안 2개의 파면이 관측자를 통과합니다[그림(e)]. 즉, 음원 자체는 1Hz의 음을 내고 있지만 관측자에게는 2Hz로 들립니다. 음원이 오른쪽으로 움직이면서 짧은 길이 안에 많은 소리가 몰려있기 때문에 관측자에게는 단시간에 다수의 소리가 도달하죠. 그래서 관측자에게 음원이 다가올 때 관측되는 소리(음파)의 진동수는 실제 파동의 진동수보다 높아집니다(높은 음으로 들립니다).

음원의 왼쪽에 관측자가 서있는 경우에는 반대로 파장이 150m로 늘어나기 때문에 3초에 2개의 파면만 수신하게 됩니다. 따라서 관측자는 이 소리를 2/3Hz, 즉 0.67Hz의 소리로 듣기 때문에 음원이 관측자에게서 멀어질 때는 소리가 낮게 들립니다.

관측자가 움직여도 파면에는 영향이 없지만……

● 관측자가 움직이는 경우

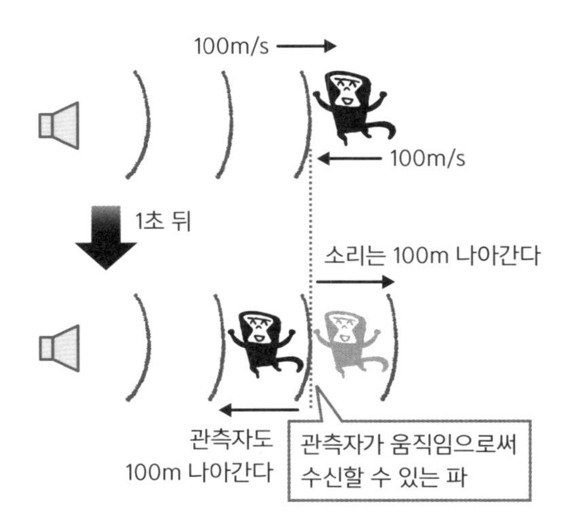

이번에는 음원은 멈춰있고 관측자가 움직이는 경우를 생각해봅시다. 관측자가 멈춰있든 움직이든 파면이 퍼져 나가는 방식에는 영향이 없으므로 파면은 음원을 중심으로 한 동심원상으로 100m/s의 속도로 퍼져 나갑니다.

여기서 관측자가 음원을 향해 가면 어떻게 될까요? 이를테면 관측자가 100m/s의 속도로 음원에 다가간다고 합시다. 관측자가 멈춰있는 경우에는 1초에 1개의 파면만 통과하지만, 관측자가 1초 동안 100m를 움직이면 파면을 하나 더 수신할 수 있습니다. 즉, 1초 동안 2개의 파를 수신하므로 관측되는 진동수는 2Hz가 됩니다. 관측자 자신이 음원을 향해 움직이므로 매초 수신하는 파면의 개수가 증가하는 것이죠. 이것이 관측자가 음원에 다가갈 때 소리가 높아지는 이유입니다.

관측자가 음원에서 멀어지는 경우도 마찬가지입니다. 관측자가 멈춰있다면 수신할 수 있는 소리에서 멀어지기 때문에 매초 수신하는 파면의 개수가 감소합니다. 가령 1초 동안 1개의 파를 수신했는데 2초에 1개가 되는 식으로 진동수가 감소합니다(소리가 낮게 들립니다).

이러한 사고가 몸에 배면 구급차가 지나갈 때 소리의 파면이 어떻게 되는지, 나는 그 파면 속을 어떻게 움직이고 있는지 자연스럽게 이해할 수 있습니다.

빛의 도플러 효과

그런데 빛(전자기파) 또한 파동의 일종이므로 소리와 동일한 현상이 일어납니다. 소리일 때와는 이론의 틀이 조금 달라서 '특수 상대성 이론'을 사용해야 하지만, 여하튼 광원과 관측자가 가까워질 때는 진동수가 많아지고, 멀어질 때는 진동수가 적어집니다. 진동수가 많다는 것은 파장이 짧다, 즉 푸른색을 띤다는 의미입니다. 파동수가 적으면 파장이 길다, 즉 붉은색을 띤다는 의미이죠.

빛의 도플러 효과는 소리의 도플러 효과(구급차 등)처럼 친숙하게 느껴지지 않습니다. 그도 그럴 것이 도플러 효과는 광원·음원 혹은 관측자의 속도가 '파동을 전달하는 속도'에 비해 너무 느릴 때는 거의 느껴지지 않습니다. 예컨대 음원의 속도가 음속에 비해 현저히 느린 경우에 음파는 거의 동심원상으로 퍼져 도플러 효과는 거의 일어나지 않습니다. 광속(약 30만 km/s)은 음속(약 340m/s)에 비해 훨씬 빠르므로 광속에 가까운 속도로 무언가가 움직이거나 매우 정밀한 측정을 해야만 알 수 있습니다.

다가오는 항성은 푸르게 보인다

빛의 도플러 효과가 실제로 관측되는 사례로 별의 움직임에 따른 별의 색깔 변화를 들 수 있습니다. 이를테면 어느 별이 지구로 다가오고 있다면 지구에서는 그 별의 실제 색보다 조금 푸르게 보입니다. 푸른빛을 띠다가 붉은빛을 띠기를 되풀이하는 별은 지구에 가까워졌다 멀어졌다 하는 것이죠.* 태양계 밖에서 행성이 발견되면 대부분은 이 원리를 이용해 관측합니다.

또는 야구 중계에서 사용하는 속도 측정기나 속도 위반 단속에 쓰이는 무인 카메라는 대상물에게 전자기파를 쏘아 되돌아온 파동수가 도플러 효과로 인해 변화하는 것을 검출하는 원리입니다. 여기서 든 사례들

* 은하계에서 멀리 떨어진 은하일수록 더 빠른 속도로 은하계에서 멀어진다고 알려져 있는데, 안드로메다 은하만은 은하계에 접근(미래에 충돌)하고 있다고 밝혀졌습니다.

은 아주 미미한 변화를 측정하는 장치이므로 붉은빛이 푸르게 보일 만큼 현저한 것은 아닙니다. 이러한 감각을 익힌다면 도플러 효과에 관한 유명한 유머를 즐길 수 있을 겁니다.

신호를 무시한 운전자가 경찰의 단속에 걸렸다.

경찰관 : 빨간 신호를 못 봤습니까?

운전자 : 죄송하지만 전 신호를 향해 가고 있었기 때문에 도플러 효과로 신호가 파랗게 보였는데요.

경찰관 : 뭐라고요? 빨간색 신호가 파란색으로 보였다면 …(도플러 효과의 공식으로 계산 중)… 광속의 30%로 달렸단 말입니까? 시속 3억 km 이상은 됐다는 소리군요. 자, 자백했으니 당장 체포!

어설픈 물리 지식을 과시하다가는 이렇게 혼쭐이 난다는 교훈이 담긴 이야기였습니다.

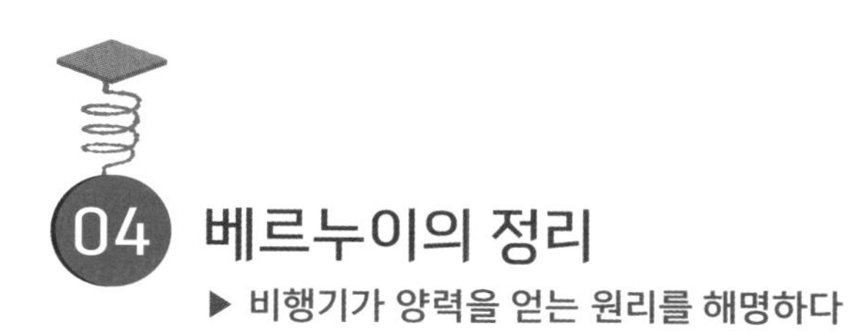

04 베르누이의 정리

▶ 비행기가 양력을 얻는 원리를 해명하다

베르누이의 정리

압축할 수 없고 점성도 없는 유체를 흐름에 따라 관찰하면,

퍼텐셜 에너지+운동 에너지(흐름의 속도)+압력=일정

이 공식이 성립한다.

비행기나 대형 여객선에 탔을 때 '이렇게 거대한 금속 덩어리가 어떻게 하늘을 날고 바다에 뜨지?' 하고 신기해한 적이 있을 겁니다. 배가 바다에 뜨는 이유는 아르키메데스의 원리(PART 1-08)에서 설명한 부력 덕분입니다.

그러나 비행기가 뜨는 '공기'는 바닷물보다 훨씬 가벼워서 기체를 지탱할 만큼 큰 부력을 발생시키지 못합니다. 여기에는 또 다른 원리가 작용합니다. 비밀은 '날개를 통과하는 공기의 흐름'에 있습니다.

흐르는 유체의 속도는 어떻게 달라질까?

일단 비행기 이야기는 잠시 접어두고, 흐르는 유체(공기나 물 따위)에

주목해봅시다. 이 유체는 압축할 수 없고* 점성(유체 내에 작용하는 마찰력)도 없다고 칩시다.

그리고 유체가 일정한 높이에서 흐르다 어느 지점에서 통로가 좁아진다고 합시다. 압축이 불가능한 유체이므로 통로가 좁아지면 흐름이 빨라져야 합니다.

여기서 '길이 좁아지는데 왜 흐름이 빨라지지? 좁은 데로 몰리면 느려져야 하는 거 아냐?' 하고 고개를 갸웃거리는 사람도 있을 듯합니다. 흐름이 빨라지는 이유는 다음과 같습니다.

● 통로가 좁아지면 유속이 증가한다

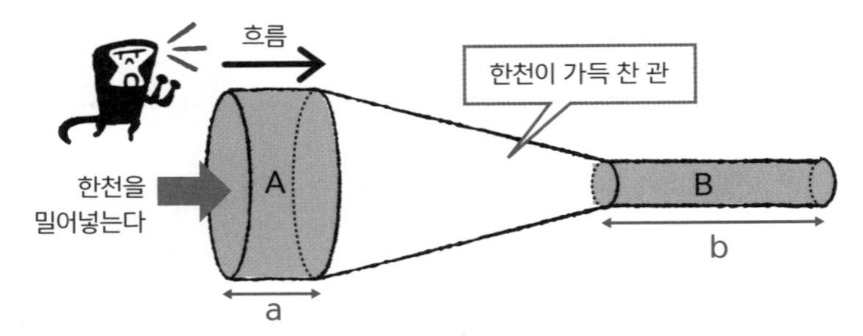

한천을 압축할 수 없는 경우, A부분의 한천을 밀어 넣으면 B와 같이 좁은 영역으로 밀려난다.
즉, 같은 시간 동안 왼쪽 한천은 길이 a, 오른쪽 한천은 길이 b만큼 나아가므로 속도가 올라간 것이다.

예컨대 위 그림과 같은 관에 탱글탱글한 한천(우무묵)이 가득 차있다고 칩시다. 한천을 왼쪽(관이 굵은 쪽)에서 오른쪽(관이 가는 쪽)으로 밀어 넣

* 공기는 엄밀히 말하면 압축할 수 있지만 여기서는 무시하기로 합니다.

으면, 밀려 들어간 부분(A)과 밀려 나온 부분(B)의 부피는 같으므로 관이 좁아지는 만큼 B가 길어집니다. 즉, 같은 시간 동안 한천이 움직이는 거리가 증가(같은 그림 a→b)하므로 '한천의 속도가 상승'한다고 할 수 있습니다.

이외에도 호스로 물을 뿌릴 때 호스 끝을 좁아지도록 꾹 누르면 물살이 세차지는 현상을 볼 수 있는데 바로 이 '통로가 좁아지면 속도가 빨라진다'는 사실을 잘 보여주는 사례입니다.

● **압력은 $P_1 > P_2$가 된다.**

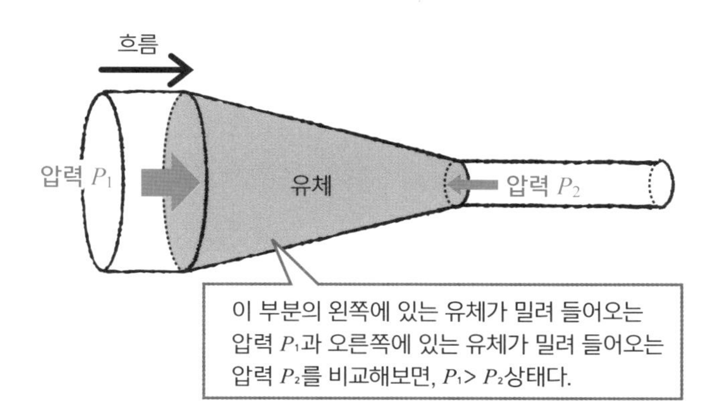

그런데 유체라 해도 결국 원자와 전자로 이뤄져 있으므로 역학의 근본인 '관성의 법칙'의 영향을 받습니다. 다시 말해, 힘을 가하지 않으면 유체는 등속 직선 운동을 합니다. 이는 앞서 설명한 바와 같이 유체가 빨라지면 분명 어떤 힘이 유체에 작용하고 있다는 의미입니다.

유체 내 각 부분은 서로 밀어내는 '압력'이 작용하고 있습니다. 위의 그림에서 회색으로 칠한 부분(관이 좁아지는 부분)의 유체는 왼쪽에서 P_1의 압력, 오른쪽에서 P_2의 압력으로 밀리고 있습니다. 자세한 설명은 생략하겠지만 역학 법칙에 근거해 생각해보면, 그림처럼 관이 좁아지는 경우에는 P_1보다 P_2가 더 작아진다는 결론에 이릅니다. 관이 좁아지면 유체가 빨라져 압력이 낮아지는 것이죠. 지금까지의 내용을 식으로 나타내면 다음과 같습니다.

운동 에너지(흐름의 속도)+압력=일정

이 식은 발견자인 스위스의 수학자이자 물리학자 다니엘 베르누이(Daniel Bernoulli, 1700~1782)의 이름을 따 **'베르누이의 정리'**[*]라고 합니다. 운동 에너지가 올라가면 압력이 내려간다는 법칙이죠.

● 베르누이의 정리

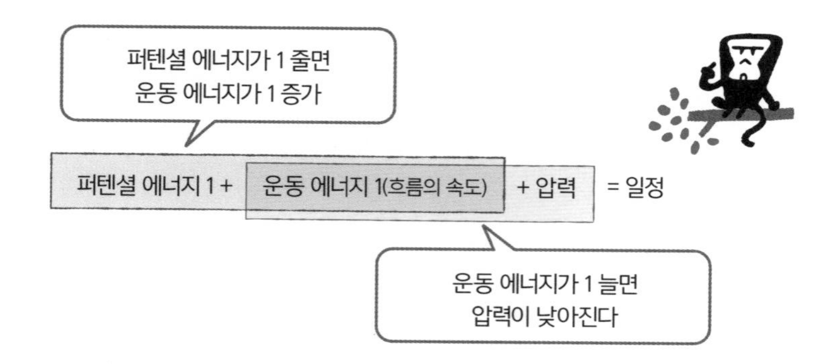

또 지금까지의 설명에서는 유체가 수평으로 흐르는 상황을 가정하고

---

* 베르누이 가문은 주로 수학 분야에서 큰 업적을 남겼는데, 3대에 걸쳐 8명의 수학자와 물리학자를 배출했습니다. '베르누이의~'라고 이름이 붙은 수학의 정리도 다수 있습니다.

있습니다. 만일 유체가 높은 곳에서 낮은 곳으로 떨어진다면(또는 그 반대) '역학적 에너지 보존 법칙'에서 설명했듯이 '퍼텐셜 에너지가 감소하면 운동 에너지가 증가한다'도 성립합니다. 이 내용 역시 포함하면 다음과 같은 식이 됩니다. 이것이 일반적으로 '베르누이의 정리'라고 소개하는 식입니다.

퍼텐셜 에너지+운동 에너지(흐름의 속도)+압력=일정

공기는 압축도 가능하고 점성도 있기 때문에 엄밀하게는 성립하지 않지만, 거의 근사하게 성립하는 상황에서는 이 식에 근거해 생각합니다.

비행기는 어떻게 뜰까?

● 양력의 원리

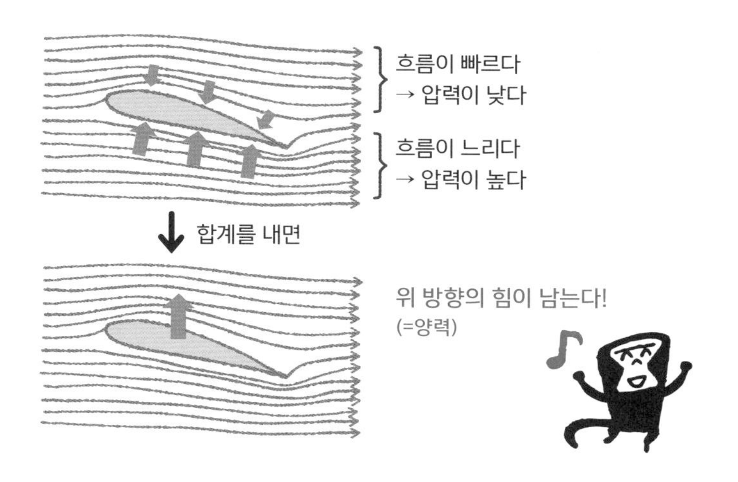

비행기가 앞으로 나아갈 때 날개는 앞쪽부터 바람이 닿습니다. 날개에 부딪힌 공기는 위아래로 갈라지는데, 이때 날개의 각도가 적절한 범위 내에 있으면 날개 위를 통과하는 공기의 속도가 빨라집니다.*

함께 흘러온 공기가 두 갈래로 나뉘어 위쪽 공기만 속도가 올라간 상태이므로, 베르누이의 정리를 통해 위쪽 공기의 압력이 낮아짐을 알 수 있습니다. 따라서 날개를 밑에서 밀어 올리는 압력이 커져 비행기가 위로 들립니다. 이 위쪽 방향의 힘을 **'양력'**이라고 합니다.

양력은 부력과 달리 흐름이 있는 유체 속에서만 발생합니다. 더구나 비행기는 각도에 따라 양력이 달라집니다.

이렇게 생각하니 비행기가 공기 중에 뜨는 게 역시 보통 일은 아닌 듯합니다.

---

* '날개 위쪽이 불룩하므로 날개 위를 통과하는 공기와 아래를 통과하는 공기가 동시에 날개 뒤에서 만나기 위해서는 날개 위를 지나는 공기가 빨라져야 한다'라고 설명하는 글이 있는데, 이는 근거 없는 이야기입니다.

PART 6

미시 세계에서 우주 끝까지의 물리

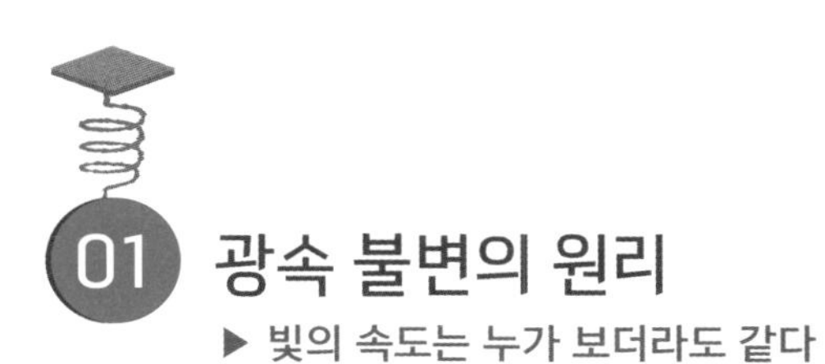

01 광속 불변의 원리

▶ 빛의 속도는 누가 보더라도 같다

광속 불변의 원리

관측자가 어떤 속도로 운동해도 빛의 속도는 동일하다(약 30만 km/s).

불꽃놀이나 야구 관람을 하다 보면 빛과 소리의 속도 차이를 확연히 느낄 수 있습니다. 불꽃이 활짝 핀 뒤 조금 지나서 팡 하는 소리가 들리죠. 마찬가지로 야구 경기를 외야석에서 보고 있으면 방망이로 공을 치는 모습이 보이고 나서 살짝 뒤늦게 소리가 들립니다. 소리의 속도가 약 340m/s인 반면 빛의 속도는 약 30만 km/s로, 백만 배 가까이 빛이 더 빠르기 때문입니다.

빛의 속도는 누구에게나 같다

● 초속 10만 km로 다가가도 광속은 같다?

(a) 소리를 향해 관측자가 다가가는 경우

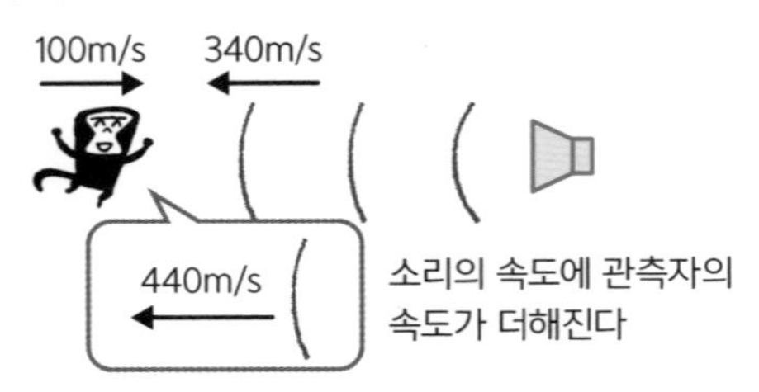

(b) 빛을 향해 관측자가 다가가는 경우

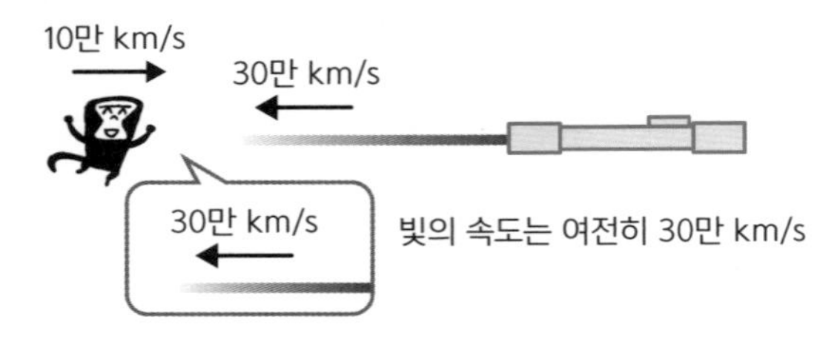

빛과 소리는 속도 외에도 큰 차이가 있습니다. 그 차이는 관측자가 움직이는 경우에 더 뚜렷해집니다. 소리가 들려오는 방향으로 관측자가 다가가면 관측자에게 전달되는 소리의 속도가 올라갑니다. 그림(a)처럼 오른쪽에서 340m/s로 전달되는 소리를 향해 관측자가 100m/s로 달려가면, 관측자에게 다가오는 소리의 속도는 다음과 같습니다.

340+100=440m/s

그런데 빛은 이것이 성립하지 않습니다. 그림(b)처럼 오른쪽에서 30만 km/s로 전달되는 빛을 향해 관측자가 10만 km/s로 다가가는 경우에도 빛의 속도는 여전히 30만 km/s로 관측됩니다.

1887년, 미국의 물리학자 마이컬슨(Albert Michelson, 1852~1931)과 몰리(Edward Williams Morley, 1838~1923)가 처음으로 이 사실을 실험을 통해 밝혀냈습니다. 그들은 매우 정밀한 장치를 이용해 지구가 공전하는 방향에서 오는 빛과 지구의 공전에 직각인 방향에서 오는 빛을 비교해 빛의 속도가 얼마나 다른지 검출하고자 했습니다.

소리와 마찬가지라면, 지구의 공전 방향에서 오는 빛이 빨라야 합니다. 참고로 지구의 공전 속도는 약 30km/s, 광속의 1만분의 1밖에 되지 않으므로 아주 정밀한 실험이었다고 할 수 있습니다. 그런데 아무리 실험을 거듭해도 빛이 어느 방향에서 오든 속도의 차이는 검출되지 않았습니다.

이 결과를 설명하기 위해 다양한 이론들이 제창되었는데, 아인슈타인(Albert Einstein, 1879~1955)은 오히려 '빛은 원래 그렇다'라는 지점에서 출발했습니다. 즉, '관측자가 어떤 속도로 운동하든 빛의 속도는 항상 같다(30만 km/s)'를 근본 원리로 삼은 것이죠. 이를 **'광속 불변의 원리'**라고 합니다.

이 원리와 함께 '어느 관성계에서 성립하는 물리 법칙은 그 관성계에서 볼 때 등속 직선 운동을 하는 다른 관측자에 대해서도 성립한다'라는 원리(**상대성 원리**)를 바탕으로 아인슈타인이 구축한 이론이 바로 **'특수 상대성 이론'**입니다.

특수 상대성 이론 전체를 파고들기란 보통 일이 아니므로, 여기에서는 '광속 불변의 원리'에 근거해 이해할 수 있는 재미있는 현상 두 가지를 소개하겠습니다.

동시인지 아닌지는 상대적

● 관측자에 따라 동시 여부가 갈린다

(a) 열차 안에서 빛을 관측하면

(b) 승강장에서 빛을 관측하면

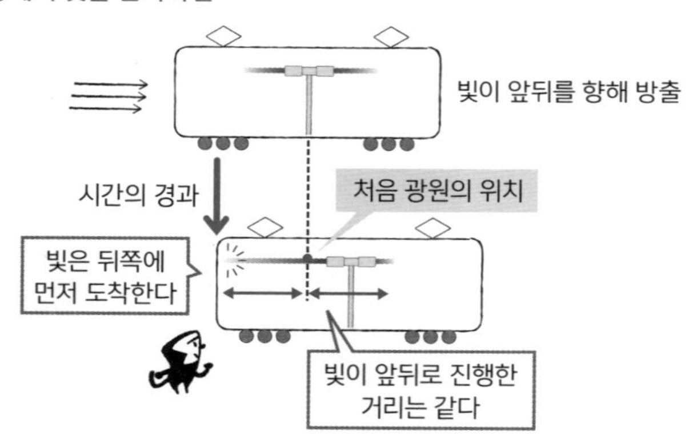

지금 위 그림처럼 달리고 있는 열차 한가운데에 광원이 있고, 앞뒤를 향해 빛이 방출된다고 칩시다. 이 상황을 열차 안에 있는 사람과 승강장에 있는 사람이 각각 관찰한다면 어떻게 보일까요?

먼저 열차 안에 있는 사람의 시점에서 생각해봅시다. '광속 불변의 원리'에 따라 빛은 30만 km/s로 앞뒤에 전파됩니다. 따라서 열차 한가운데에서 방출된 빛은 맨 앞과 맨 뒤에 동시에 도착합니다[그림(a)].

승강장에 있는 사람이 보면 어떨까요? 역시 '광속 불변의 원리'에 따라이 사람에게도 빛은 30만 km/s로 앞뒤에 전파됩니다. 여기서 주의할 점은 빛은 '방출된 장소에서' 30만 km/s로 전파된다는 점입니다. 따라서 뒤로 방출되는 빛을 향해 열차의 뒷부분이 다가오는 반면 앞으로 방출되는 빛으로부터 열차 앞부분은 멀어지므로 빛은 뒷부분에 먼저 도착합니다[그림(b)].

이러한 시간에 관한 성질을 **'동시성의 상대성'**이라고 합니다. 두 개의 현상이 동시인지 아닌지는 절대적으로 결정되는 것이 아니라 관측자에 따라 결과가 달라지는 성질이죠.

혹시나 해서 다시 한번 짚고 넘어가자면, 이는 '열차 끝에 빛이 도달하는 것을 관측자가 관측(인식)할 때까지의 시간차'에 기인하는 것이 아닙니다. 여기서 말하는 '관측하다'라는 말은 다음과 같은 의미입니다. 이를테면 승강장에는 발 디딜 틈도 없이 많은 관측자(전원이 동기화한 시계를 가지고 있음)가 서있고, 빛이 맨 끝에 도달할 때 바로 옆에 있는 관측자가 시각을 기록하는 방식입니다. 즉, 현상이 일어난 뒤 관측될 때까지의 시간차는 없다는 뜻입니다.

움직이는 사람의 시간은 천천히 흐른다

다음은 열차 안과 승강장에 커다란 시계를 설치해봅시다. 이 시계는 열차의 진행 방향과 수직인 긴 원통과 시각을 표시하는 표시판으로 이루어져 있습니다. 통의 윗면과 밑면에는 거울이 설치돼 있고, 빛은 거울에 반사되면서 통 안을 위아래로 왕복합니다. 밑면에는 빛을 감지하는 감지기가 있어 빛이 밑면에 도달할 때마다 표시판의 숫자가 1씩 증가하는 구조이죠. 이를 '빛시계'라고 합니다.

● 열차 안 시간이 느리게 간다

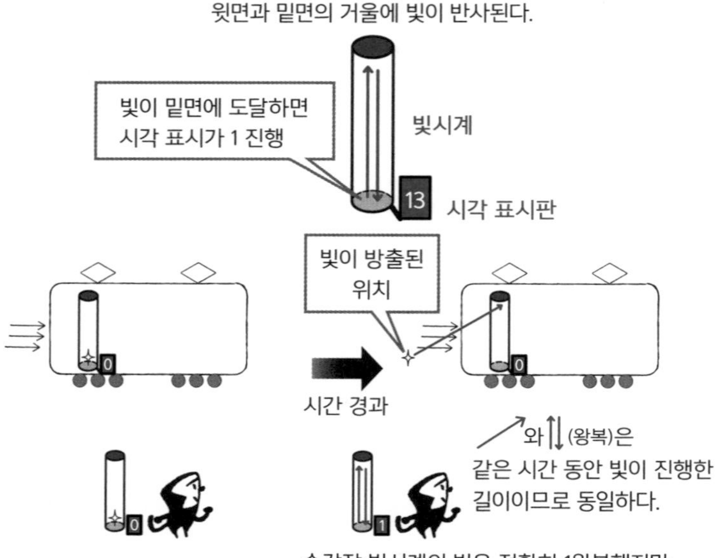

승강장에 있는 관측자가 승강장의 빛시계와 열차 안의 빛시계를 둘 다 관측하면 어떻게 보일까요? 빛이 열차 안의 빛시계 안을 왕복할 때 빛의 경로는 그림처럼 비스듬한 사선으로 관측됩니다. 이는 승강장 빛시계의 빛이 1왕복하는 동안 열차 안 빛시계의 빛은 아직 1왕복하지 못한다는 의미입니다. 이를 반복해가면 승강장의 빛시계에 표시되는 시간에 비해 열차의 빛시계는 점점 느려집니다. 다시 말해, 승강장에서 열차 안을 관측하면 열차 안 시간은 천천히 흐르죠. 열차의 속도가 빠르면 빠를수록 1왕복에 필요한 빛의 경로가 길어지므로 시간의 흐름은 점점 느려집니다.

'그건 빛시계라는 도구 특유의 현상 아닐까?'라고 생각할 수도 있지만 이러한 '시간 그 자체의 지연'은 실제로 관측되고 있습니다. 잘 알려진 것으로는 대기의 상층부에서 발생하는 뮤온[muon, 뮤(μ)입자]이라는 소립자입니다. 이 소립자는 아주 짧은 시간 안에 다른 입자로 변화하는 성질을 지니고 있습니다(이를 '수명이 짧다'라고 표현합니다). 그래서 지상에는 거의 도달하지 않을 것 같지만 실제로는 많은 뮤온이 지표 부근에서 검출됩니다. 이는 뮤온이 매우 빠른 속도로 이동하기 때문에 시간 지연이 현저*해져 뮤온의 수명이 다 되기 전에 지표에 도달할 수 있음을 나타냅니다.

이밖에도 특수 상대성 이론을 통해 '움직이는 물체의 길이는 짧아진다'는 사실도 도출해낼 수 있습니다. 참 기묘한 이야기이지만, 빛의 속도를 절대적 기준으로 잡았기 때문에 시간이나 거리가 절대적 지위에서 내려온 것이죠.

앞서 설명한 뮤온의 예처럼 실제로 이 효과는 관측되고 있습니다. 단, 움직이는 물체의 속도가 빛의 속도에 비해 아주 작은 경우에는 이러한 효과가 두드러지지 않습니다(이를테면 빛시계의 빛의 경로가 그다지 비스듬해지지 않습니다). 일상에서는 느낄 수 없는 현상이죠.

---

* 물론 뮤온의 수명뿐 아니라 모든 시간이 지연될 수 있는데, 예컨대 고속으로 움직이는 인간의 노화 속도 역시 느려집니다.

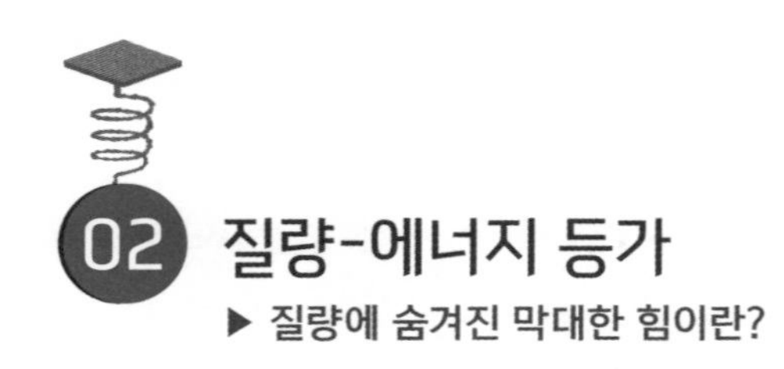

02 질량-에너지 등가

▶ 질량에 숨겨진 막대한 힘이란?

질량-에너지 등가

물체에 일(힘×거리)을 하면 운동 에너지뿐 아니라 질량 에너지도 증가한다. 정지한 물체의 질량 에너지는

$$E = mc^2$$

E : 물체가 정지한 경우의 에너지(J)
m : 정지한 물체의 질량(kg)
c : 광속(m/s)

으로 나타낼 수 있다.
이 식은 m(kg)의 질량이 소멸하면 mc^2(J)의 에너지로 변화함을 의미한다.

앞에서 살펴봤듯이, 관측자 A를 기준으로 움직이는 다른 관측자 B에게는 신기한 일들이 일어납니다. 관측자 B의 속도가 느릴 때는 거의 영향을 받지 않지만, 빛의 속도(광속)에 가까운 속도라면 그 영향(예컨대 관측자 A가 볼 때 관측자 B의 시간이 느리게 간다)은 커집니다.

그렇다면 관측자 B는(또는 일반적으로 물체는) 대체 얼마나 빨라질 수 있을까요? 빠르면 빠를수록 재미있을 듯싶지만 상한치가 정해져 있습니다.

빨라지면 질량이 증가해 가속하기 힘들다

● 운동 방정식

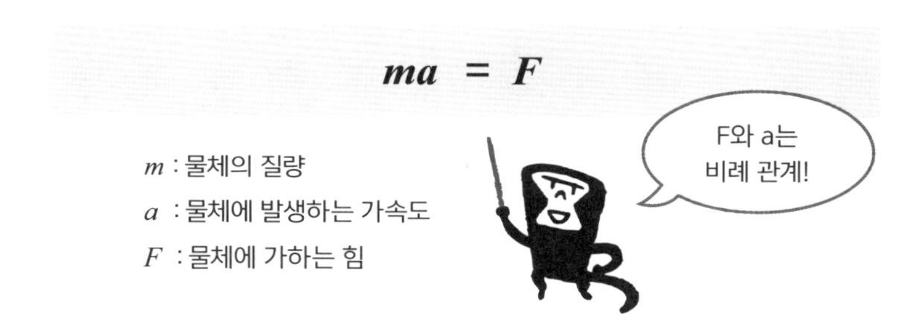

특수 상대성 이론이 예측한 것 중 하나로 '물체는 아무리 강한 힘을 아무리 오랫동안 가해도 빛의 속도를 능가할 수 없다'라는 내용이 있습니다. 조금 의아한 이야기입니다. PART 2-02에서 본 운동 방정식($ma=F$)에 나타나 있듯이, 물체에 가한 힘 F와 가속도 a는 비례 관계이기 때문입니다. 여기에서는 특수 상대성 이론 이야기를 하고 있지만, 그렇다고 지금까지 옳다고 증명된 운동 방정식이 무효가 되는 것은 아닙니다.

비밀은 m(질량)에 있습니다. 속도가 커지면 질량도 커지기 때문에 속도가 광속에 가까워지면 질량은 얼마든지(무한대로) 커집니다(다음 페이지 위 그림 참조). 때문에 일정한 힘 F를 가하는 물체는 빨라지면서 가속도가 작아집니다(다음 페이지 아래 그림 참조). 소립자 연구나 최첨단 의료에서는 전자나 양자 따위의 입자, 혹은 더 무거운 이온을 광속에 가깝게 가속하는 경우가 있는데, 그때 이 질량 증대 효과를 사전에 고려해 가속기를 설계합니다.

● **광속에 가까워지면 질량은 무한히 커진다**

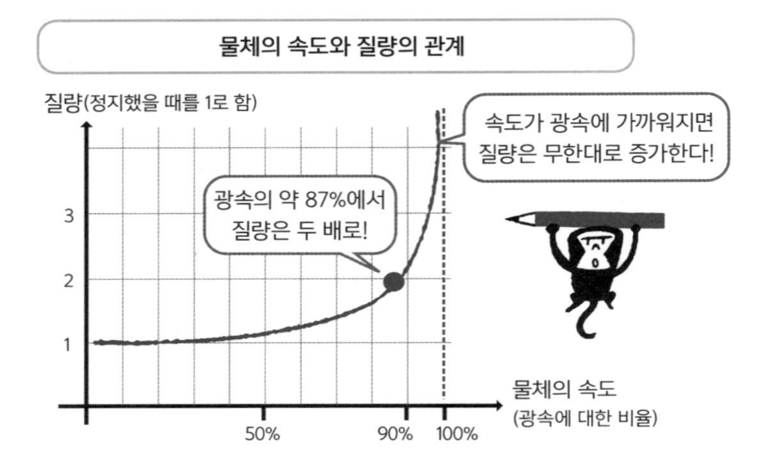

● **광속에 가까워지면 가속도가 0에 가까워진다**

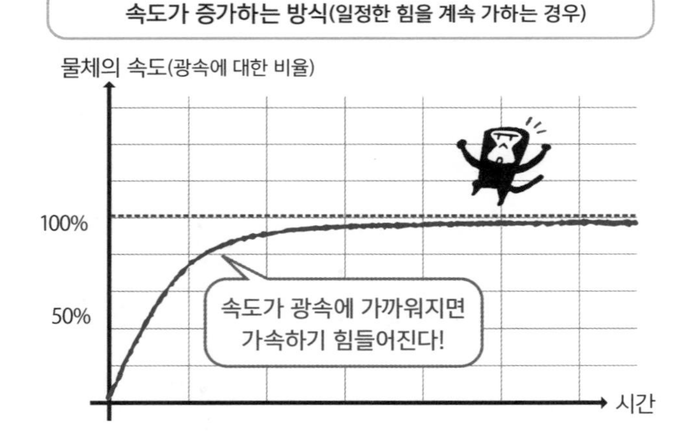

그건 그렇고 운동하는 물체의 질량이 증가한다니, 대체 무슨 소리일까요? 물체를 구성하는 원자의 개수가 증가하는 것은 아닙니다. 질량이란 운동 방정식에서도 알 수 있듯이 '힘을 가했을 때 가속되는 정도'를 나타내는 양입니다. 어떤 이유*로 속도가 커지면 질량이 증가하는 것이죠. 일단 이 점을 이해하고 이야기를 계속 풀어 나가봅시다.

가한 일이 질량이 되다

PART 2-04에서는 물체에 가한 일(힘×거리)이 물체의 운동 에너지를 증가시킨다는 법칙을 소개했습니다. 그러나 지금까지 설명한 내용에 따르면, 물체의 속도가 광속에 가까워지면 일을 가해도 운동 에너지가 그다지 증가하지 않는 것으로 보입니다.

● 질량과 에너지의 등가성을 나타내는 식

$$E = mc^2$$

E : 물체가 정지해 있는 경우의 에너지(J)

m : 정지한 물체의 질량(kg)

c : 광속(m/s)

그렇다고 해서 가한 일이 헛수고가 되는 것은 아닙니다. 특수 상대성

---

* '어떤 이유'라고 했는데, '상대성 원리'='어떤 관성계에서 성립하는 물리 법칙은 그 관성계에 대해 등속 직선 운동을 하는 다른 관측자에 대해서도 성립한다는 원리'를 충족하도록 운동 방정식을 수정한 것이 원인입니다.

이론의 틀 안에서는 운동 에너지와 더불어 질량도 에너지와 등가이며, 양쪽을 한데 묶어 '에너지'라고 합니다. 그리고 가한 일만큼 그 에너지가 증가합니다. 즉, 가한 일은 운동 에너지와 질량 에너지 모두를 증가시킵니다. 특수 상대성 이론이 등장하기 전에는 질량은 어디까지나 물체의 성질이며 에너지와는 무관하다고 여겼으나 사실 '질량도 에너지의 일종'입니다.

에너지 중 질량 에너지만 골라내서 식으로 나타낼 수는 없지만, 물체가 정지해 있는 경우의 에너지는 그때의 질량 에너지 그 자체를 나타냅니다. 이는 $E=mc^2$ 같은 간단한 식으로 나타낼 수 있습니다.

시험 삼아 물체의 질량이 1kg인 경우를 생각해봅시다. 이 식에서 m에 1을 대입하면 됩니다. c는 약 30만 km/s이므로 단위를 m/s로 하면 3억 m/s입니다. 그러면 다음과 같은 값이 나옵니다.

E=1×3억^2=9경(J)

무려 9경 J입니다. 너무 큰 숫자라 전혀 감이 오지 않지요. 덧붙이자면, 1리터의 물을 0℃에서 100℃로 데우기 위해 필요한 열량은 42만 J입니다. 9경 J을 42만 J로 나눠, 얼마나 많은 물을 0℃에서 100℃로 데울 수 있는지 그 값을 구해봅시다.

9경(J)÷42만(J)≒2,100억

9경 J의 에너지를 이용하면 2,100억 리터나 되는 물을 0℃에서 100℃로 데울 수 있다는 계산이 나옵니다. 약 1억 3,000만 명의 일본인 전체가 하루에 사용하는 생활용수의 양이 약 350억 리터이므로, 1kg의 정지한 물체가 가진 질량 에너지가 얼마나 큰지 알 수 있습니다.

물론 아무 이유도 없이 근처에 있던 물체가 소멸해 에너지로 바뀌는 일은 없습니다. "몸 좀 녹이게 이 휴지를 소멸시켜 에너지로 바꾸자"와 같은 일은 불가능하죠.*

질량 에너지로 전환하기 위해서는 화학 반응이나 원자핵 반응처럼 일정한 메커니즘이 필요합니다. 수소가 산소와 결합해 물이 되는 화학 반응에서는 질량의 감소가 극히 일부이며(때문에 보통은 느끼지 못합니다) 얻을 수 있는 에너지도 매우 적습니다. 하지만 원자핵 반응**에서는 질량의 감소가 크고 얻을 수 있는 에너지도 큽니다. 이른바 '원자력'이란 원자핵 반응으로 감소한 질량에 의해 얻은 에너지를 가리킵니다. 원자력 발전이나 원자 폭탄은 이 에너지를 이용한 것이죠.

필자가 학창 시절에 처음 특수 상대성 이론을 공부했을 때, '광속 불변의 원리'와 '상대성 원리'를 충족하도록 운동 방정식을 확장해가면 자연스레 질량 에너지의 존재가 드러난다는 사실에 놀라고 감동했던 기억이 있습니다. 군더더기 없는 통찰과 견고한 논리 구축으로 자연계에 숨어있는 법칙을 발견하는 물리학은 참으로 근사한 학문이구나 하고 말이죠.

하지만 이 질량 에너지를 명확한 의도를 가지고 응용하면 원자 폭탄과 같은 도구가 세상에 나오는 것 또한 사실입니다. 아인슈타인은 원자 폭탄 개발에는 거의 관여하지 않았지만 원자 폭탄 투하에 책임을 통감하고 만년에 평화 활동에 힘썼습니다. 과학에는 '자연과 대화'라는 일종의 중립적 부분 외에도 인간의 의도에 따라 선이 될 수도 악이 될 수도 있는 부분이 있음을 보여주는 한 사례가 아닐까 합니다.

---

* 참고로 휴지 한 장의 질량은 1g 정도이고 $E=mc^2$에 대입하면 90조 J이 되므로, 몸을 녹이기에는 지나치게 많은 에너지이기는 합니다.

** 작은 원자핵끼리 들러붙어 하나가 되거나 반대로 큰 원자핵이 둘로 분열되는 반응.

03 등가 원리

▶ 아인슈타인의 일반 상대성 이론을 탄생시킨 주춧돌

가속도로 인해 느끼는 관성력은 중력과 구별할 수 없다.

앞에 광속 불변의 원리(PART 6-01)에서, 특수 상대성 이론의 틀 안에서는 '관측자 A(승강장에 있는 사람)에 대해 등속 직선 운동하는 관측자 B(열차에 타고 있는 사람)가 있을 때, A가 B를 보면 B의 시간의 흐름이 느리다'라고 예측했고, 실제로 다수의 소립자 뮤온이 지표 부근까지 도달하는 현상으로 이를 실증했다고 설명한 바 있습니다.

특수 상대성 이론의 틀 안에서는 '상대의 시계가 느리게 간다'

이 상황을 좀 더 깊이 들어가 반대 시점에서 생각해봅시다. B에게는 A가 등속 직선 운동을 하는 것처럼 보이므로, 마찬가지로 B가 A를 보면 A의 시간이 느리게 흘러갑니다. 즉, A와 B는 서로 '상대의 시간이 천천히 간다'고 주장하게 됩니다.

● **서로 상대의 시간이 천천히 가는 것으로 보인다**

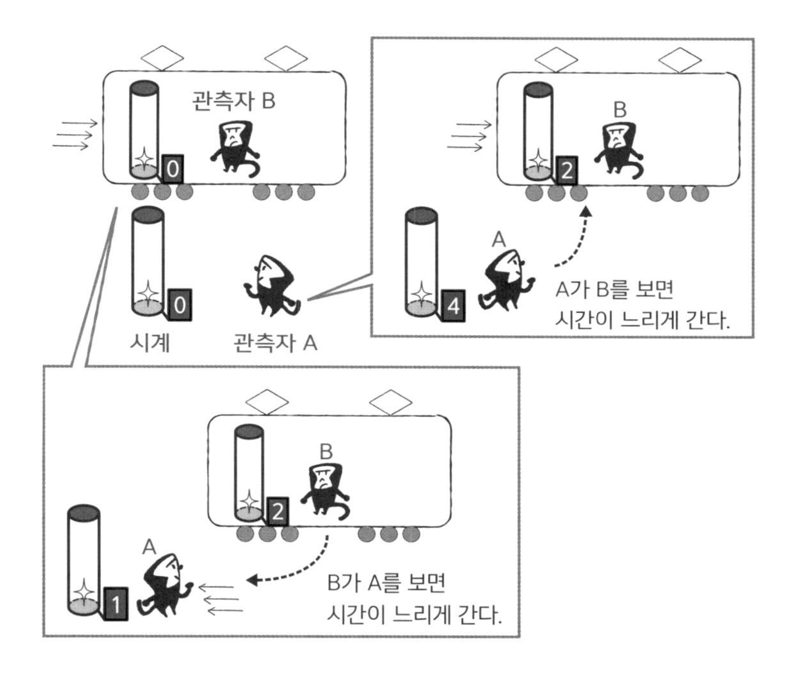

참으로 기묘한 일 같지만 '동시성의 상대성'에 근거해 설명할 수 있습니다. 이를테면 A와 B가 서로 엇갈리는 순간에 두 사람의 시계가 0을 가리키고 있다고 치면, A에게는 'A시계가 4초'와 'B시계가 2초'가 동시에 일어나는 현상으로 관측되며, B에게는 'A시계가 1초'와 'B시계가 2초'가 동시에 일어나는 현상으로 관측되는 식입니다.

그런데 그 다음 B가 탄 열차가 급정거를 해서 A와 B가 만나 서로 자신들의 시계를 보여주면 어떻게 될까요? 승강장에서 두 개의 시계를 놓고 비교하는 상황이므로 "상대의 시계가 내 시계보다 느리게 간다"라고 서로 주장하는 일은 불가능합니다. 어느 쪽이 느리게 가는지에 대해 의

견이 일치해야 하죠. 사실 이 경우에는 A보다 B의 시계가 느리게 가고 있습니다. 대체 왜 그럴까요?

우라시마 효과

좀 더 과장된 예로, 지구에서 거의 빛의 속도로 머나 먼 별까지 날아가는 로켓을 생각해봅시다. 쌍둥이 형제 중 형은 로켓을 타고 동생은 지구에 남았다고 합시다. 로켓이 거의 빛의 속도로 지구에서 멀어질 때 형제는 둘 다 '상대의 시계가 느리게 간다'고 관측합니다. 이는 '시계'라는 특정한 기계의 동작에 대해서만 성립하는 것이 아니라 소립자의 수명이나 생체리듬, 그 밖의 모든 시간에 대해 성립합니다. 따라서 로켓이 지구에서 날아갈 때 형제는 모두 '상대는 좀처럼 나이를 먹지 않는다'라고 관측합니다.

마침내 로켓이 U턴을 해서 다시 지구로 돌아온다고 합시다. 재회한 형제는 어떻게 됐을까요? 결론은 로켓에 타고 있던 형이 더 젊습니다(즉, 형의 시계가 더 느리게 갑니다). 대체 왜 그럴까요? 이 사례는 **'쌍둥이 역설'** 또는 **'우라시마 효과'***라고 합니다.

여기서 설명한 두 사례는 특수 상대성 이론의 틀 안에서는 설명할 수 없습니다. 왜냐하면 중간에 '가속·감속'이라는 현상을 포함하기 때문입니다. 열차의 사례에서는 열차가 감속합니다. 로켓의 사례에서는 적어도 U턴하는 순간에 급격히 감속했다가 다시 가속하며, 지구에 착륙할 때도

---

* 우라시마는 일본의 전래 동화 '우라시마 다로'의 주인공 이름을 뜻합니다. '로켓을 타고 멀리 떠났다가 돌아오니 지구에 있는 사람들이 자신보다 나이가 들었다'라는 현상은 '우라시마가 용궁에서 사흘을 지내고 돌아오니 300년이 흘러있더라'라는 이야기와 매우 흡사해 이렇게 명명됐습니다.

감속합니다. 특수 상대성 이론은 '서로 등속 직선 운동하는 두 사람의 관측자'에 대해 성립하는 것으로, 가감속이 있는 경우에는 사용할 수 없습니다. 가감속을 포함한 현상을 다룰 수 있는 **'일반 상대성 이론'**은 특수 상대성 이론을 발표한 지 11년이 지나서야 완성됐습니다.

등가 원리라는 발상

아인슈타인의 새로운 발상은 '가속도 운동과 중력은 구별할 수 없다'라는 것이었습니다. 예컨대, 내가 탄 승강기가 위쪽으로 가속을 시작하면 아래쪽으로 누르는 듯한 힘을 느낍니다. 이때 느끼는 힘을 **'관성력'**이라고 합니다. 관성의 법칙(PART 1-05)에서 설명한 원심력도 이 관성력 중의 하나입니다. 관성계에 대해 가속도를 가진(가속, 감속, 또는 방향 전환을 하는) 관측자가 느끼는 힘을 말하죠.

● 구별할 수 없다면 같은 것으로 취급하는 등가 원리

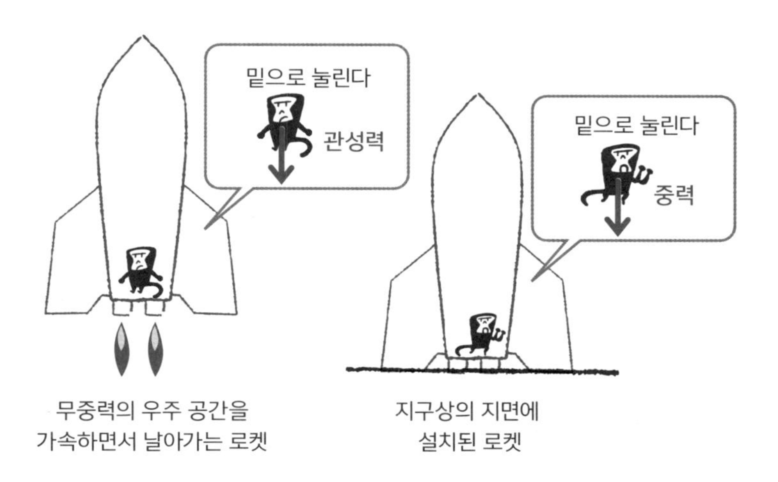

마찬가지로 무중력의 우주 공간에서 로켓이 가속하면 승무원은 로켓 아래 방향으로 눌리는 듯한 관성력을 느낍니다.

한편 이 로켓이 중력이 있는 지구상에 정지해 있을 때도 승무원은 중력에 의해 로켓 아래 방향으로 눌리고 있습니다. 즉, 로켓 밖의 풍경이 보이지 않는다면 승무원은 지금 자신을 누르고 있는 힘이 관성력인지 중력인지 구별할 수 없습니다. 구별할 수 없다면 같은 것으로 취급하는 것이 아인슈타인이 제창한 **'등가 원리'**입니다.

중력은 시간을 지연시킨다

아인슈타인이 등가 원리를 생각해낸 시기는 1907년이었는데, 그로부터 일반 상대성 이론을 완성하기까지 9년이라는 시간이 걸렸습니다. 그만큼 일반 상대성 이론은 상당히 난해한 내용입니다. 따라서 여기서는 결론을 먼저 설명하겠습니다.

일반 상대성 이론을 통해 도출된 결론 중 하나는 중력은 시간을 지연시킨다는 것입니다. 중력이 작용하는 환경에서는 시계가 느리게 가죠. 물론 중력이 강하면 시계는 한층 더 느려집니다. 그러므로 지구 상공을 돌고 있는 인공위성에 탑재된 시계와 지표에 있는 시계는 진행 속도가 다릅니다. 상공은 중력이 약하므로 인공위성의 시계가 더 빨리 가죠.

반면 인공위성은 지면에 대해 속도를 가지고 움직이기 때문에 특수 상대성 이론에서 보면 인공위성의 시계가 천천히 간다는 사실을 알 수 있습니다. 양쪽의 효과가 완전히 상쇄되는 경우 외에는 지표의 시계와 인공위성의 시계는 점점 어긋나게 되죠.

자동차 내비게이션의 오차는 상대성 이론으로 보정할 수 있다

그래서 자동차 내비게이션 등에 사용하는 GPS 위성은 두 상대성 이론에 근거해 시각을 보정합니다. 보정하지 않는 경우에 생기는 오차는 하루에 약 10만분의 4초 정도이지만, GPS위성에서 송출되는 전파는 광속(초속 30만 km)으로 전달되므로 거리로 환산하면 30만 km×10만분의 4=12km 정도 어긋나게 됩니다. 이러한 오차가 발생하면 자동차 내비게이션은 있으나 마나 하기 때문에 지금은 특수 상대성 이론과 일반 상대성 이론 모두 생활에 필수 이론으로 쓰이고 있습니다.

또 등가 원리에 따라 중력과 관성력은 구별할 수 없으므로 '관성력이 강한 환경에서는 시간이 지연된다'도 동시에 성립합니다. 즉, 급격한 가감속을 하면 시간의 흐름이 느려집니다.

앞서 설명한 쌍둥이 역설에서는 동생이 있는 지구는 가감속을 하지 않는 반면 형이 탄 로켓은 가속을 하기도 하고 감속을 하기도 하므로 형의 시간만 천천히 흐릅니다. 특수 상대성 이론에서는 역설로 보이는 현상이지만 가감속을 동반하는 현상이기 때문에 사실 일반 상대성 이론으로 생각해야 합니다.

이밖에도 일반 상대성 이론을 통해 '중력은 공간을 왜곡시킨다'라는 결론도 도출해서 여러 흥미로운 현상을 설명할 수 있는데, 지면 관계상 여기서 마무리하겠습니다.

04 불확정성 원리

▶ 미래를 확정적으로 예측하는 일은 불가능하다!

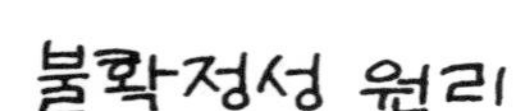

미시 세계의 입자는 위치와 운동량의 요동이 동시에 작아질 수 없다.

터널 효과(PART 3−06)에서 살펴봤듯이, 입자라고 여겼던 전자에는 파동의 성질이 있습니다. 이 '파동'은 전자라는 입자가 물결치며 움직이는 것이 아니라 '파동의 진동이 강한 곳에 전자가 존재할 확률이 높다'는 의미였습니다. 이 문제를 좀 더 깊이 들어가 봅시다. 여기에서는 전자를 예로 설명하고 있는데, 그 밖의 극소 입자(양자나 중성자 따위)도 모두 같은 성질을 지니고 있습니다.

전자가 존재하는 곳은 확률적으로 분포한다

● 확률적으로 전자의 존재 장소를 생각한다

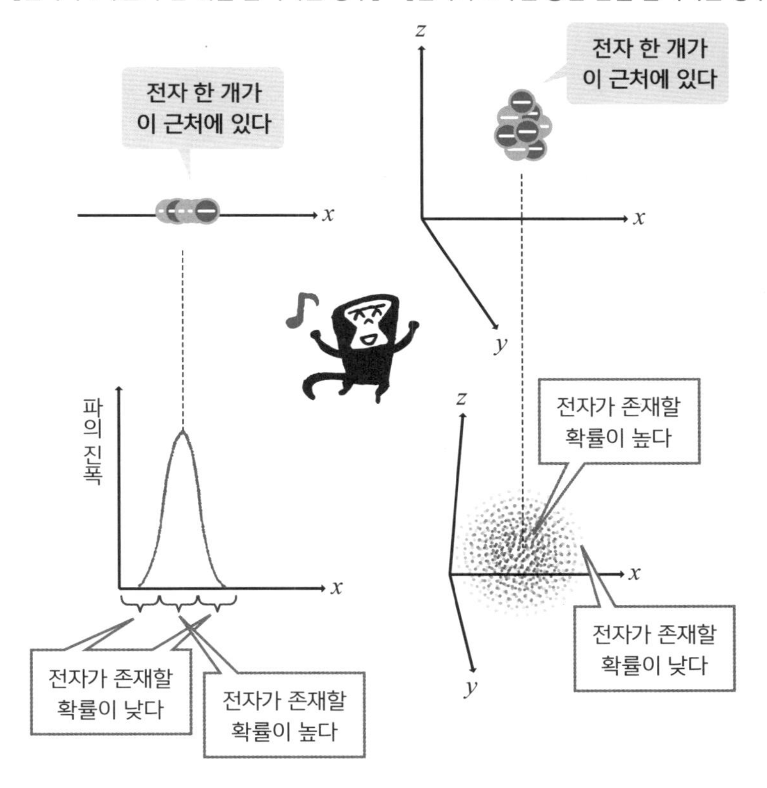

위의 그림에서 보듯이, 전자가 1차원(x축) 위를 움직인다고 생각하면 '파동 같은 그림'을 그릴 수 있지만, 3차원(x·y·z축) 공간 안을 움직인다고 생각하면 색의 농담으로 진폭을 표현해야 합니다. 진한 부분이 파동의 진폭이 큰 곳, 즉 전자가 존재할 확률이 높은 곳이 됩니다. 이 '존재할 확률이 높다·낮다'라는 것은 다음과 같은 의미입니다.

우선 어떤 장소 부근에 전자가 존재한다고 칩시다(그 근처에 전자의 파동이 존재). 그 전자를 관측하려는 조작(예컨대 전자기파를 쬐어 산란된 전자기파를 검출)을 하면 전자의 존재 위치를 알 수 있습니다.

그런데 그 위치는 관측할 때마다 달라집니다. 하지만 계속 관측하다 보면 파동의 진폭이 큰 곳(앞 페이지 오른쪽 그림에서 진한 부분)에서 전자를 발견하는 횟수가 많고, 파의 진폭이 작은 곳(그림에서 옅은 부분)에서 전자를 발견하는 횟수는 적습니다.

관측하면 전자의 운동량이 교란된다

양자역학의 창시자 중 한 사람인 **하이젠베르크**(Werner Karl Heisenberg, 1901~1976)는 이 '관측'에 대해 1927년에 **사고(思考)실험**을 제안해, 전자의 위치를 관측하는 행위로 전자의 운동량이 교란된다는 사실을 증명했습니다. '(전자의) 운동량이 교란된다'란 '운동량=질량×속도'가 변한다는 의미입니다. 하지만 전자의 질량은 변하지 않으므로 '속도가 교란된다(변한다)'고 생각해도 상관없습니다.

하이젠베르크는 다음과 같이 생각했습니다(조금 간략하게 소개하겠습니다). 전자의 위치를 관측하기 위해서는 앞서 설명했듯이 전자에 전자기파를 쏘아 산란된 전자기파를 렌즈로 모아 상(像)을 만드는 방법이 있습니다. 이 방법은 '상의 흐릿한 정도(즉, 위치의 측정 오차)는 파장에 비례'한다는 성질이 있습니다. 한편 전자기파로 인해 전자는 튕겨나갑니다. 그때 전자의 운동량 변화(운동량의 교란)는 파장에 반비례합니다.

즉, 위치의 측정 오차와 운동량의 교란을 곱하면 파장의 영향이 서로 상쇄돼 소멸하고, 어느 일정한 크기(**플랑크 상수**, h라고 표시합니다) 정도가 되리라 예상할 수 있습니다.

오차(위치)×교란(운동량) $\sim h$*

이 관계를 '**하이젠베르크의 불확정성 원리**'라고 합니다.

실제로는 조금 더 복잡해서,

$$\text{오차(위치)} \times \text{교란(운동량)} \geq \frac{h}{4\pi} \cdots\cdots ①$$

이렇게 나타내는 것이 일반적입니다. 즉,

- 위치의 오차를 줄이면 운동량의 교란이 커진다.
- 반대로 운동량의 교란을 억제하면 위치의 오차가 커진다.

이런 의미입니다. '위치와 운동량을 둘 다 정밀하게 측정하는 일은 불가능하다'를 주장하는 공식이죠.

오차(위치)×교란(운동량) $\sim h$

이 공식은 '입자의 현재 모습을 정확히 알 수는 없다. 따라서 미래도 확정적으로 예측할 수 없다'를 의미합니다.

기존의 뉴턴 역학에서는 충분한 관측 자료가 있다면 물체의 운동을 과거에서 미래까지 얼마든지 정밀하게 알아낼 수 있었습니다. 그러한 뉴턴 역학과 정면으로 대립하는 듯한 하이젠베르크의 불확정성 원리는 양자역학이 개척한 새로운 세계관을 보여주는 존재로서 사람들에게 큰 충격을 안겨주었습니다.**

---

* '~'는 '대략 이 정도'라는 의미의 기호로, 비슷한 기호로는 '≈, ≃' 등이 있습니다.

** 아인슈타인은 물리 현상이 확률적으로만 결정된다는 양자역학의 세계관에 강하게 난색을 표하며 "신은 주사위 놀이를 하지 않는다"라고 회의적 입장을 견지했습니다.

전자의 위치를 측정하는 방법으로 '전자기파 조사(照射)'를 택했기 때문에 이러한 관계식을 얻은 게 아닐까 하는 의문도 듭니다. 당연한 의문이지만, 이 원리가 보편적으로 성립하리라 추측한 하이젠베르크는 앞으로의 연구 결과로 더욱 확실히 증명될 것이라고 생각했습니다.

● **하이젠베르크의 불확정성 원리**

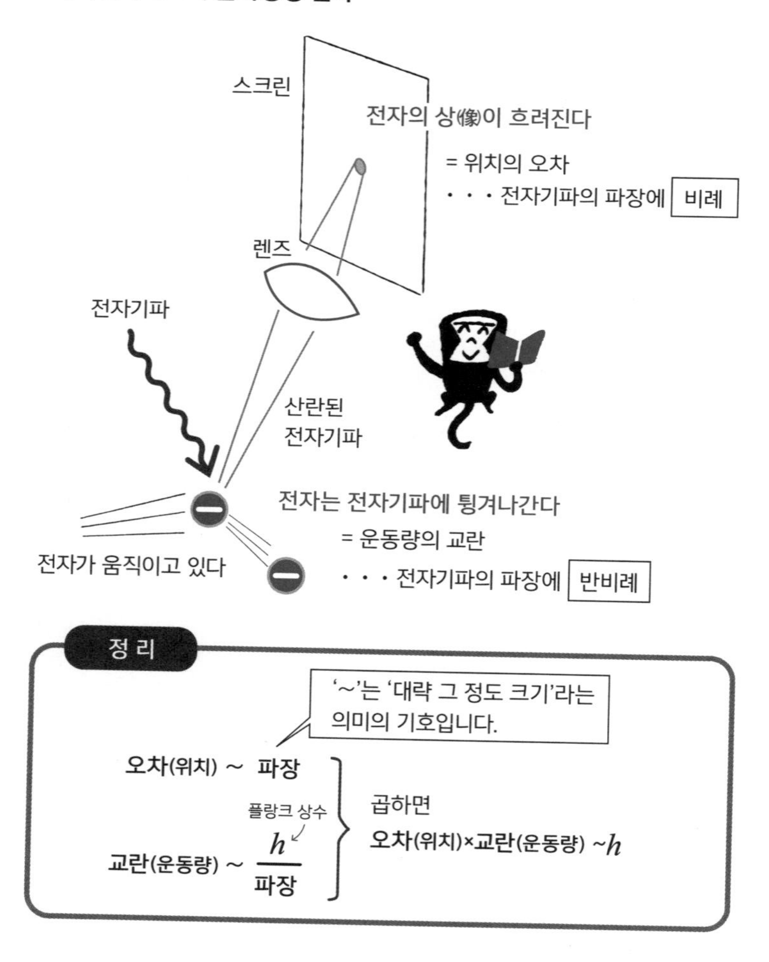

관측하지 않아도 위치와 운동량은 요동친다

그런데 같은 시기에 케너드(Earle Hesse Kennard, 1885~1968)는 양자역학의 틀 안에 있는 '교환 관계'라는 성질을 통해 매우 흡사한 식을 도출해냈습니다. 그 식은 다음과 같습니다.

$$\text{요동(위치)} \times \text{요동(운동량)} \geqq \frac{h}{4\pi} \cdots\cdots ②$$

앞서 소개한 식①의 '오차'나 '교란'을 '요동'이라고 달리 표현한 것으로 보이지만 의미는 전혀 다릅니다. 오차나 교란은 전자기파를 쬐는 등 관측 행위를 외부에서 행한 결과 일어나는 현상입니다.

그러나 케너드가 도출한 식에서의 '요동'은 관측 행위와는 무관합니다. 양자역학의 틀 안에서는 관측하기 전부터 위치와 운동량이 확정값이 아니라 일정 범위 내에서 요동치고 있다는 것이죠. 식②에 따르면 위치와 운동량의 요동이 동시에 작아질 수 없으며, 한쪽이 작아지면 다른 한쪽은 커진다는 사실을 알 수 있습니다.

최초로 불확정성이라는 말을 쓰기 시작한 하이젠베르크는 관측 행위에 따른 오차·교란과 케너드가 증명한 '관측과는 무관한 입자가 지닌 요동'을 뚜렷이 구별하지 않았다(구별할 수 없었다?)는 설도 있으나, 양자역학의 여명기였으니 어쩔 수 없었는지도 모릅니다.

불확정성 원리를 뒤집었다? 오자와 부등식

최근 '하이젠베르크의 불확정성 원리가 뒤집혔다'라는 보도가 있었습니다. 이는 나고야대학교의 오자와 마사나오 교수가 2003년에 제창한 **'오자와 부등식'** 및 그것을 실험적으로 증명한 빈 공과대학 하세가와 유지

교수 팀의 2012년의 실험을 뜻합니다.

● 오자와 부등식과 식①을 비교하면

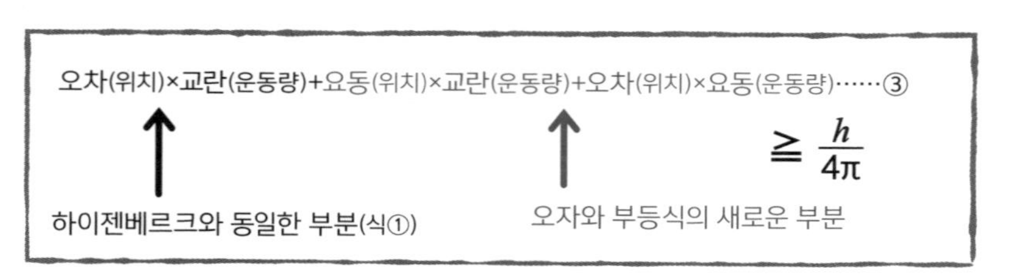

오자와 부등식은 위와 같습니다. 이 식의 앞부분은 하이젠베르크의 불확정성 원리와 같은 형태이지만 뒤에 새로운 두 항이 추가되었습니다. 때문에 오차와 교란을 크게 줄이는 일이 가능하다(대신 위치와 운동량의 요동은 커진다)는 것을 예상할 수 있습니다. 이는 하이젠베르크의 불확정성 원리(오차와 교란을 동시에 줄일 수 없다)에 반하는 내용인데, 실제로 그런 일이 일어날까요?

하세가와 교수 팀의 실험은 이 오차와 교란을 측정한 것으로, 그 곱이 하이젠베르크가 제창한 $\frac{h}{4\pi}$를 밑돌았지만(즉, 식①의 부등호가 깨진다) 식③의 부등호는 충족시킨다는 사실을 발견했습니다. 참고로 케너드의 식②의 부등식은 깨지지 않았습니다.

아직 새로운 결과이므로 물리학자들 사이에서 얼마나 널리 인정받았는지 알 수 없지만, 90년 가까이 군림해온 하이젠베르크의 불확정성 원리를 이제 고쳐 써야 할 때가 됐는지도 모릅니다. 이러한 역사적 전환기에 관객으로서 참여할 수 있다니 무척이나 가슴이 벅차오릅니다.

우리 주변에 숨어있는 물리 법칙을 찾아보자

끝까지 읽어주셔서 감사합니다. 책을 읽는 동안 '우리 주변 곳곳에 물리가 숨어있구나!' 하고 느낄 수 있었는지요? 만일 주변의 사물을 보는 눈이 조금이라도 달라졌다면 필자로서 더할 나위 없이 기쁠 듯합니다.

늦었지만 제 소개를 하자면, 저는 현재 입시학원에서 고등학생들에게 물리와 화학을 가르치는 일을 하고 있습니다. 물론 입시학원이므로 '자주 출제되는 문제'나 'ㅇㅇ대학 출제 경향' 따위도 가르치지만 더 중요한 것이 있습니다. '지금 배우고 있는 것'과 '현실에서 실제로 나타나는 현상'의 연관성을 되도록 풍부한 이미지와 함께 전달하는 일입니다.

1년 전, 학원을 수료하는 학생들이 써준 입시 체험기에 이런 구절이 있었습니다.

제가 가장 어려워하던 물리 시간

에 선생님과 함께 공부하면서부터 어째서 이 공식이 성립하는지, 이 법칙은 일상생활, 사회, 세상에서 어떻게 쓰이는지에 대해 배웠습니다. 덕분에 지금까지 공식에 대입해 풀기만 했던 무미건조한 문제가 재미있어지고 더 깊이 알고 싶어지면서 어느새 물리가 싫다는 생각이 사라지고 문제 풀이가 즐거워졌습니다.

이런 글을 읽으며 뿌듯함에 빠져있을 무렵 마침 편집공방 시라쿠사의 하타나카 다카시 씨가 "물리 법칙이 실제로 어떤 분야에서, 어떻게 쓰이는지에 초점을 맞춰 책을 한번 써보시지 않겠어요?"라는 의뢰를 해와 집필하게 된 것이 이 책입니다. 하타나카 씨는 책의 구성부터 시작해 모든 내용을 꼼꼼히 읽고 체크해주는 등 정말 많은 도움을 주었습니다.

또 이 책이 독자 여러분의 마음에 들었다면 그건 저 혼자만의 실력이 아니라 지금까지 제 지도를 받은 학생들 덕분이기도 합니다.

"자전거 핸들 잡는 법을 바꿨더니 언덕에서 덜 힘든 것 같아요."

"곱슬머리는 왜 구불거리는 건가요?"

"씨름에서 샅바를 잡아당기는 위치에 따라 상대에게 가하는 힘이 달라지는 이유가 궁금해요."

"책상 위에 둔 물체를 떠받치고 있는 책상, 책상을 떠받치고 있는 바닥, 바닥을 떠받치고 있는 땅…… 이런 식으로 거슬러 올라가면 마지막엔 어디에 도달하나요?"

이처럼 수많은 발견과 의문을 학생들이 제기해주었기에 제 생각과 지식도 점점 더 풍부해졌습니다.

마지막으로 하나에서 열까지 저를 지지해준 아내에게 진심으로 감사의 말을 바칩니다.

요코가와 준